对接世界技能大赛技术标准创新系列教材
技工院校一体化课程教学改革电气自动化设备安装与维修专业教材

低压电气控制设备安装与调试教师用书

人力资源社会保障部教材办公室　组织编写

中国劳动社会保障出版社

简介

本套教材为对接世赛标准深化一体化专业课程改革电气自动化设备安装与维修专业教材，学习内容对接世赛电气装置等项目，学习目标融入世赛要求，考核标准对接世赛技能标准，考核评价方法参考世赛评分方案，并设置了世赛知识栏目。

本书为《低压电气控制设备安装与调试》的配套教师用书，在《低压电气控制设备安装与调试》的基础上增加了引导问题的参考答案（教学建议），并给出了学习任务设计方案和教学活动策划表，内容丰富、实用，有助于教师更好地开展一体化教学。

图书在版编目（CIP）数据

低压电气控制设备安装与调试教师用书 / 人力资源社会保障部教材办公室组织编写 . -- 北京 : 中国劳动社会保障出版社，2023

对接世界技能大赛技术标准创新系列教材　技工院校一体化课程教学改革电气自动化设备安装与维修专业教材

ISBN 978-7-5167-5726-0

Ⅰ. ①低…　Ⅱ. ①人…　Ⅲ. ①低压电器 - 电气控制装置 - 设备安装 - 技工学校 - 教学参考资料②低压电器 - 电气控制装置 - 调试方法 - 技工学校 - 教学参考资料　Ⅳ. ①TM52

中国国家版本馆 CIP 数据核字（2023）第 049665 号

中国劳动社会保障出版社出版发行

（北京市惠新东街 1 号　邮政编码：100029）

*

北京市白帆印务有限公司印刷装订　　新华书店经销

880 毫米 ×1230 毫米　16 开本　9.5 印张　220 千字

2023 年 4 月第 1 版　　2025 年 2 月第 2 次印刷

定价：25.00 元

营销中心电话：400-606-6496

出版社网址：http://www.class.com.cn

http://jg.class.com.cn

对接世界技能大赛技术标准创新系列教材

本书编审人员

主　　编：许泓泉

副 主 编：钟　鸣　戴玲娟

参　　编：唐中武　马宇丽　王燕英　盛　军　李志伟

审　　稿：朱彦齐

序

世界技能大赛由世界技能组织每两年举办一届，是迄今全球地位最高、规模最大、影响力最广的职业技能竞赛，被誉为“世界技能奥林匹克”。我国于2010年加入世界技能组织，先后参加了五届世界技能大赛，累计取得36金、29银、20铜和58个优胜奖的优异成绩。2019年9月，习近平总书记对我国选手在第45届世界技能大赛上取得佳绩作出重要指示，并强调，劳动者素质对一个国家、一个民族发展至关重要。技术工人队伍是支撑中国制造、中国创造的重要基础，对推动经济高质量发展具有重要作用。要健全技能人才培养、使用、评价、激励制度，大力发展技工教育，大规模开展职业技能培训，加快培养大批高素质劳动者和技术技能人才。要在全社会弘扬精益求精的工匠精神，激励广大青年走技能成才、技能报国之路。

为充分借鉴世界技能大赛先进理念、技术标准和评价体系，突出“高、精、尖、缺”导向，促进技工教育与世界先进标准接轨，完善我国技能人才培养模式，全面提升技能人才培养质量，人力资源社会保障部于2019年4月启动了世界技能大赛成果转化工作。根据成果转化工作方案，成立了由世界技能大赛中国集训基地、一体化课改学校，以及竞赛项目中国技术指导专家、企业专家、出版集团资深编辑组成的对接世界技能大赛技术标准深化专业课程改革工作小组，按照创新开发新专业、升级改造传统专业、深化一体化专业课程改革三种对接转化原则，以专业培养目标对接职业描述、专业课程对接世界技能标准、课程考核与评价对接评分方案等多种操作模式和路径，同时融入健康与安全、绿色与环保及可持续发展理念，开发与世界技能大赛项目对接的专业人才培养方案、教材及配套教学资源。首批对接 19 个世界技能大赛项目共 12 个专业的成果将于 2020—2021 年陆续出版，主要用于技工院校日常专业教学工作中，充分发挥世界技能大赛成果转化对技工院校技能人才的引领示范作用。在总结经验及调研的基础上选择新的对接项目，陆续启动第二批等世界技能大赛成果转化工作。

希望全国技工院校将对接世界技能大赛技术标准创新系列教材，作为深化专业课程建设、创新人才培养模式、提高人才培养质量的重要抓手，进一步推动教学改革，坚持高端引领，促进内涵发展，提升办学质量，为加快培养高水平的技能人才作出新的更大贡献！

2020年11月

电气自动化设备安装与维修专业一体化教学参考书目录（中级阶段）

序号	书名
1	电工基础（第六版）
2	电子技术基础（第六版）
3	机械与电气识图（第四版）
4	机械知识（第六版）
5	电工仪表与测量（第六版）
6	电机与变压器（第六版）
7	安全用电（第六版）
8	电工材料（第五版）
9	电力拖动控制线路与技能训练（第六版）
10	企业供电系统及运行（第六版）
11	电工技能训练（第六版）
12	电子电路基本技能训练

扫描右侧二维码
可查看本书配套数字资源

目　录

学习任务一　车床电气控制线路安装与调试

学习目标

1. 能根据工作任务情境填写工作任务单，明确工作任务，与相关人员进行沟通，明确工时和工作内容等要求。

2. 能识读相关施工图纸，通过勘察施工现场准确描述现场特征，并取得必要的资料和数据。

3. 能正确识读电气原理图，叙述 CA6140 型车床电气控制线路的控制过程及工作原理。

4. 能正确识别电动机的种类和结构，正确完成电动机的日常保养工作。

5. 能正确识别常用的按钮、接触器、继电器、行程开关和变压器等低压电器，正确使用电工常用工具与测量仪表。

6. 能根据任务要求和施工图纸列出所需工具和材料清单，准备工具，领取材料。

7. 能根据勘察现场的结果和任务要求，合理制订工作计划。

8. 能按照作业规程设置必要的安全防护措施。

9. 能正确识读位置图和接线图，按图纸、工艺及安装规程要求，参照世界技能大赛电气安装技术标准完成线路安装施工任务，在安装过程中具有环保意识和成本意识。

10. 施工后，能按相关的技术要求（如世界技能大赛电气安装技术标准中对绝缘电阻、接地电阻测试等的技术要求）使用仪表进行自检，排查故障，完成运行测试工作。

11. 通电试车合格后，能正确标注有关控制功能的铭牌标签。

12. 施工后，能按管理规定清理工作现场、整理工具、收集剩余材料、清理工程垃圾及拆除防护措施。

13. 能完成工作总结与评价，规范填写项目验收报告并交付验收。

14. 能在工作过程中严格执行企业的作业规范、安全生产制度、环保管理制度及“6S”管理制度。

15. 能严格遵守从业人员的职业道德，具有吃苦耐劳、爱岗敬业的工作态度和职业责任感。

建议学时

80 学时

工作情境描述

某机床生产企业接到一批 CA6140 型车床生产订单，设计部门已经设计好电气控制线路图纸，下发给电气部门进行生产。电气部门班组长安排人员按照电气原理图、位置图和接线图等图纸在任务规定时间内完成电气控制线路的安装。安装过程应符合相关的工艺要求和安装规程要求，安装完成后应进行运行测试，保证设备工作正常。

工作流程与活动

1．明确任务和勘察现场（8 学时）

2．施工前的准备（36 学时）

3．现场施工（24 学时）

4．检修与调试（8 学时）

5．总结与评价（4 学时）

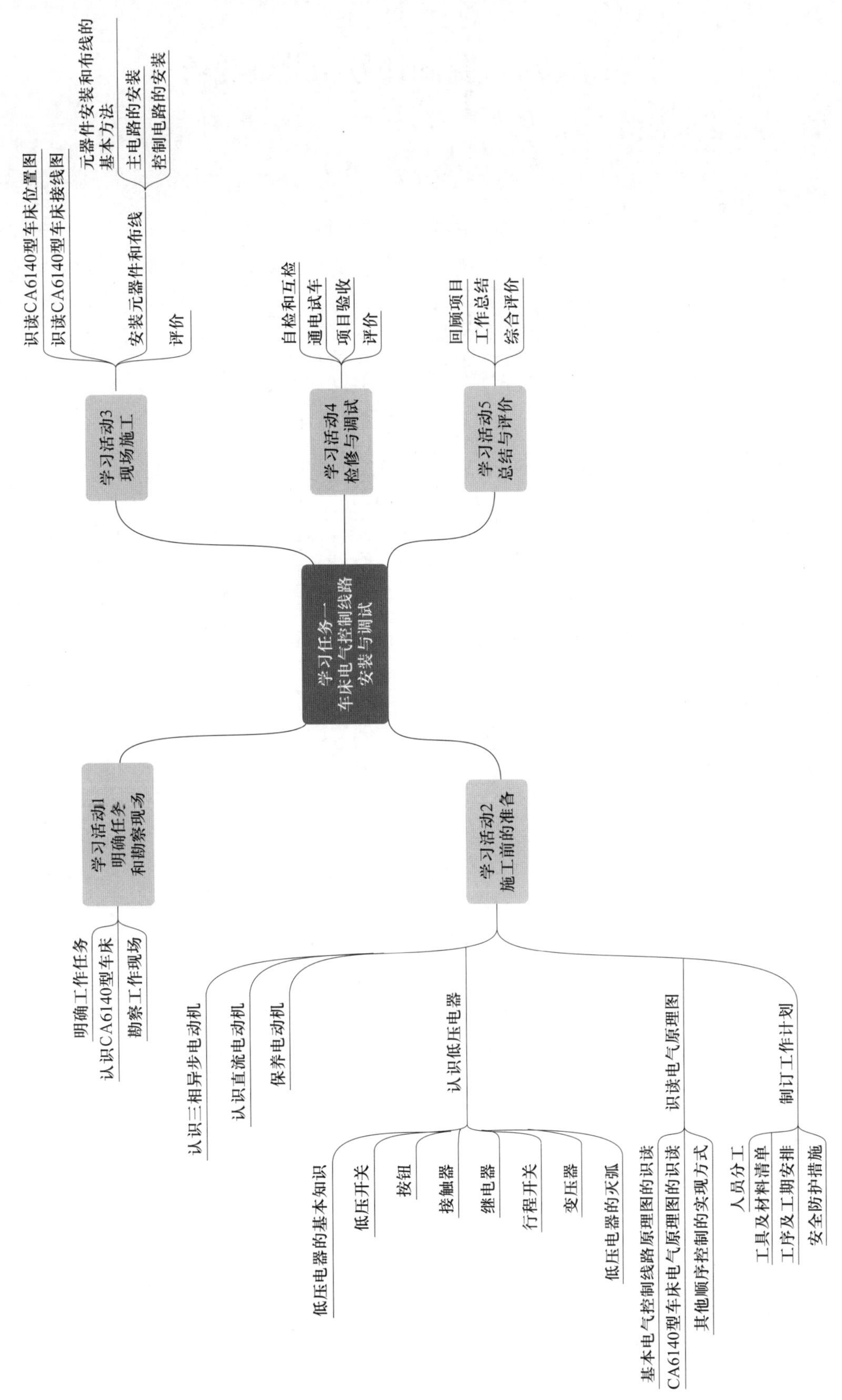
学习任务一 车床电气控制线路安装与调试
学习活动1 明确任务和勘察现场
明确工作任务
认识CA6140型车床
勘察工作现场
学习活动2 施工前的准备
认识三相异步电动机
认识直流电动机
保养电动机
认识低压电器
低压电器的基本知识
低压开关
按钮
接触器
继电器
行程开关
变压器
低压电器的灭弧
识读电气原理图
基本电气控制线路原理图的识读
CA6140型车床电气原理图的识读
其他顺序控制的实现方式
制订工作计划
人员分工
工具及材料清单
工序及工期安排
安全防护措施
学习活动3 现场施工
识读CA6140型车床位置图
识读CA6140型车床接线图
安装元器件和布线
元器件安装和布线的基本方法
主电路的安装
控制电路的安装
评价
学习活动4 检修与调试
自检和互检
通电试车
项目验收
评价
学习活动5 总结与评价
回顾项目
工作总结
综合评价

学习活动 1　明确任务和勘察现场

学习目标

1. 能根据工作任务情境填写工作任务单，明确工作任务，与相关人员进行沟通，明确工时和工作内容等要求。

2. 能叙述 CA6140 型车床的结构、功能和基本工作过程。

3. 能通过勘察施工现场准确描述现场特征，并取得必要的资料和数据。

建议学时：8 学时

学习过程

一、明确工作任务

认真阅读工作任务单（表 1–1–1），结合学习任务的实际情况，说出本次任务的工作内容、时间要求及交接工作相关负责人等信息，并根据实际情况将下表补充完整。

表 1–1–1　　工作任务单　　编号：

<table>
<tr><td>安装地点</td><td colspan="5">机床厂电气车间</td></tr>
<tr><td>安装项目</td><td colspan="3">CA6140 型车床电气控制线路的安装</td><td>保修周期</td><td>出厂后一年</td></tr>
<tr><td rowspan="2">安装单位或部门</td><td rowspan="2"></td><td>责任人</td><td></td><td rowspan="2">承接时间</td><td rowspan="2">年　月　日</td></tr>
<tr><td>联系电话</td><td></td></tr>
<tr><td>安装人员</td><td colspan="3"></td><td>完工时间</td><td>年　月　日</td></tr>
<tr><td>验收意见</td><td colspan="3"></td><td>验收人</td><td></td></tr>
<tr><td colspan="2">处室负责人签字</td><td colspan="2"></td><td>项目负责人签字</td><td></td></tr>
</table>

二、认识 CA6140 型车床

车床是一种应用极为广泛的金属切削机床，能够车削外圆、内圆、端面及螺纹，并能切断工件及割槽等，还可以进行钻孔和铰孔等工序。查阅相关资料，了解 CA6140 型车床的基本知识，回答下列问题。

1．CA6140 型车床是机械加工中应用较广的一种车床，图 1–1–1、图 1–1–2 所示为其外形及结构。它主要由床身、主轴箱、进给箱、溜板箱、刀架、尾座、丝杠和光杠等部分组成。查阅相关资料，结合现场对车床实物的观察，在图中写出主要零部件的名称。

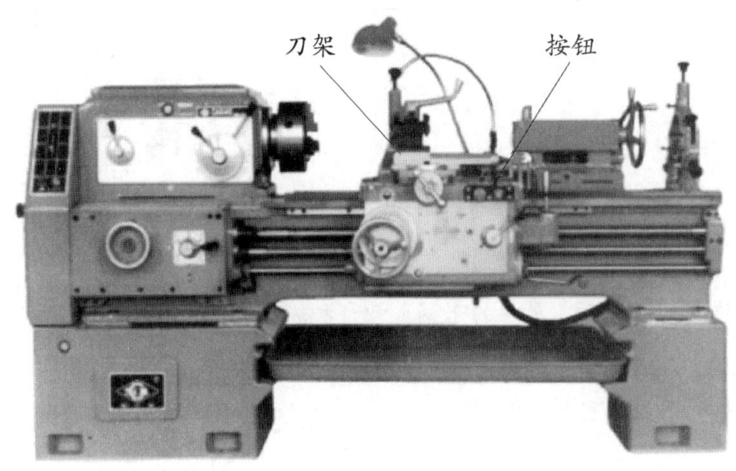

图 1–1–1

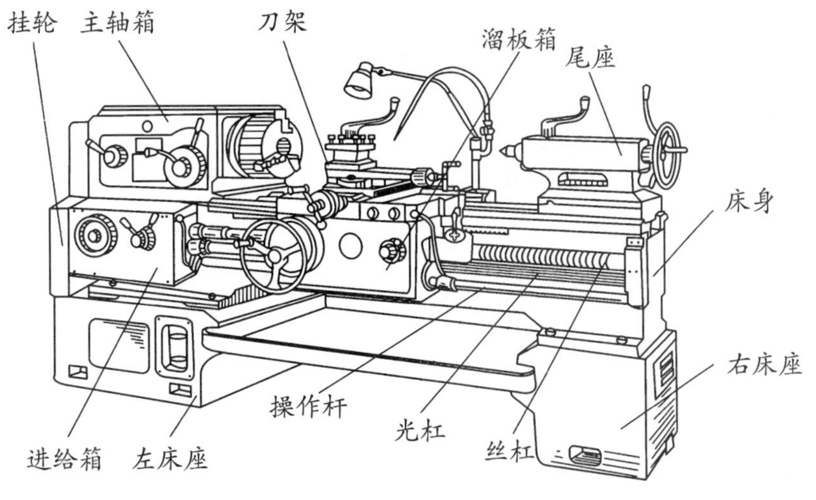

图 1–1–2

2．识读本任务所用 CA6140 型车床的铭牌，将其主要参数记录下来。

答：CA6140 型车床铭牌的部分主要参数如下。

床身上工件最大回转直径（主参数）：400 mm。

刀架上工件最大回转直径：210 mm。

最大棒料直径：47 mm。

最大工件长度（第二主参数）：750 mm、1 000 mm、1 500 mm、2 000 mm。

最大加工长度：650 mm、900 mm、1 400 mm、1 900 mm。

主轴转速范围：正转为 10 ～ 1 400 r/min（共 24 级）；反转为 14 ～ 1 580 r/min（共 12 级）。

进给量范围：纵向为 0.028 ～ 6.33 mm/r（共 64 级）；横向为 0.014 ～ 3.16 mm/r（共 64 级）。

3．观察车床的操作手柄和手轮，注意它们的位置，写出它们各自的功能。

答：CA6140 型车床的操作手柄位于主轴箱、进给箱、溜板箱和尾座上。主轴箱上的三个手柄是用于主轴变速的手柄；进给箱的手轮是用于实现进给变速的手柄；溜板箱的手柄是用于光杠和丝杠转换的手柄；溜板箱的手轮负责溜板箱的手动左右移动；尾座的手柄负责自动纵、横向进给和连接丝杠运转；尾座上、下滑板的手柄负责手动进给刀具；尾座前方的手柄负责锁紧套筒，尾座后方的手柄负责锁紧尾座移动，尾座手轮负责控制套筒的伸出和收回。

4．紧急停机的手柄必须采用什么颜色？急停按钮采用哪种形式？

答：紧急停机的手柄必须为红色，急停按钮一般采用自锁式。

5．机床电路中的安全电压一般规定为多少伏？

答：机床电路中的安全电压一般规定为 36 V。

6．查阅相关资料，写出 CA6140 型车床型号的意义。

答：

C：类代号（车床类）。

A：结构特性代号。

6：组代号（落地及卧式车床组）。

1：系代号（卧式车床系）。

40：主参数折算值。

7．在教师的指导下，查看车床线路，注意观察从配电盘到电动机、照明灯具、各操作按钮的引线是如何安装的。简要说明：电源线是从什么位置引入的？配电盘采用的哪种配线方式？

答：引导学生观察车床线路。CA6140 型车床的配电盘使用软导线，其主电路的导线使用红、黑和蓝色进行分相分色，控制电路选配的导线则为同一种颜色，这样既便于安装和识别，又便于检查。

8．观察教师演示或在教师指导下操作机床，配电箱门打开或者关闭时，门的开关能否起到保护作用？是什么样的保护作用？为什么要这样设计？

答：配电箱门的开关能起保护作用，是开门断电的保护作用。

配电箱门上装有安全行程开关，当打开配电箱门时，安全行程开关的安全触头闭合，使断路器线圈断电，断路器自动跳闸，机床电源断开，以确保人身安全。

9．CA6140 型车床的主运动是什么？如何操作？

答：CA6140 型车床的主运动是指主轴通过卡盘及顶尖带动工件做旋转运动。

操作方式如下：

（1）主轴电动机选用三相笼型异步电动机，主轴使用齿轮箱进行机械有级调速。

（2）车削螺纹时要求主轴有正、反转，一般由机械方式实现，主轴电动机只做单向旋转。

（3）主轴电动机的容量不大，可直接启动。

10．CA6140 型车床的进给运动是什么？有哪些控制要求？

答：CA6140 型车床的进给运动是指刀架带动刀具纵向或横向做直线运动。

控制要求如下：

由主轴电动机拖动，主轴电动机的动力通过挂轮架传递给进给箱来实现刀具的纵向和横向进给。加工螺纹时，保证刀具的移动和主轴的转动有固定的比例关系。

11．CA6140 型车床的辅助运动是什么？有哪些控制要求？

答：CA6140 型车床的辅助运动指刀架的快速移动、尾座的纵向移动、工件的夹紧与放松，以及加工过程的冷却。

控制要求如下：

（1）刀架的快速移动由刀架快速移动电动机拖动，该电动机可直接启动，不需要反转和调速。

（2）尾座的纵向移动由手动操作控制。

（3）工件的夹紧与放松由手动操作控制。

（4）加工过程的冷却由冷却泵电动机和主轴电动机顺序控制，冷却泵电动机不需要反转和调速。

12．观察 CA6140 型车床有几个指示灯？分别起什么作用？

答：CA6140 型车床有 2 个指示灯，分别起电源指示和车床照明作用。

三、勘察工作现场

勘察 CA6140 型车床电气控制线路安装现场的基本情况（包括安装位置、尺寸、线路与电动机的连接情况等），做好记录。

答：引导学生根据现场勘察的基本情况记录相应数据。

学习活动 2　施工前的准备

学习目标

1. 能正确识别电动机的种类和结构。

2. 能正确完成电动机的日常保养工作。

3. 能正确识别按钮、接触器、继电器、行程开关和变压器等低压电器。

4. 能正确识读电气线路原理图。

5. 能根据勘察现场的结果和任务要求，合理制订工作计划。

6. 能根据任务要求和施工图纸列出所需工具和材料清单，准备工具，领取材料。

7. 能按照作业规程设置必要的安全防护措施。

建议学时：36 学时

学习过程

一、认识三相异步电动机

电动机是把电能转换成机械能的设备，在机械、冶金及交通等领域中，电动机作为动力源起着不可或缺的作用。查阅相关资料，回答下列问题。

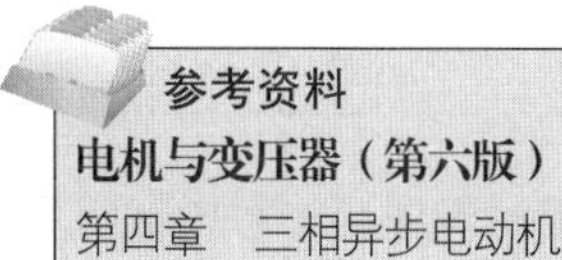

参考资料
电机与变压器（第六版）
第四章　三相异步电动机

1．按照供电类型，电动机可分为哪些类型?

答：按照供电类型，电动机可分为交流电动机和直流电动机两种。其中，交流电动机又包含单相电动机和三相电动机。三相电动机又分为三相同步电动机和三相异步电动机。

2．图 1–2–1 所示是什么类型的电动机？写出其各部分的名称。

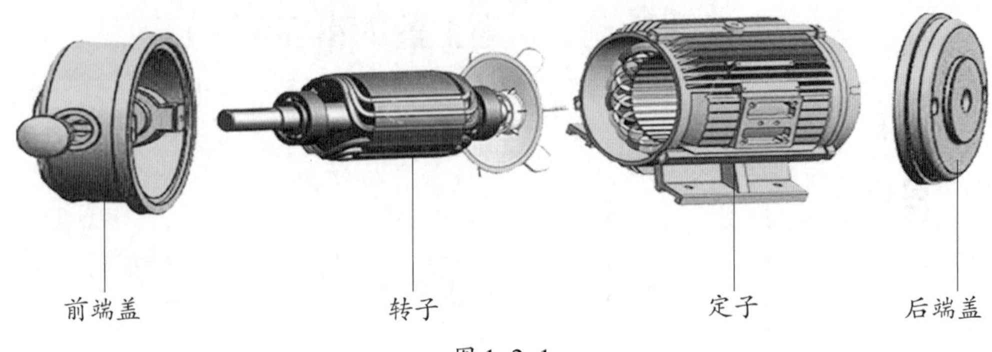

图 1–2–1

答：图 1–2–1 所示是三相异步电动机。

3．观察实训场地电动机设备的铭牌，将主要参数记录在表 1–2–1 中，并简要说明其含义。

表 1–2–1　电动机的铭牌参数

项目名称	参数	含义
电源电压	380 V	电源的线电压为 380 V
频率	50 Hz	电源的频率为 50 Hz
总容量	5.5 kW	电动机的额定功率为 5.5 kW
额定电流	100 A	电动机的额定电流为 11.7 A，电动机启动时的电流为额定电流的 5~7 倍，故熔断器的熔断电流为 100 A
防护等级	IP44	IP44 在电动机铭牌上指防护等级，其中的英文字母是首字母缩写，代表电动机的防护工艺级别，防护等级越高，密封性越好，越能抵抗恶劣的环境
编号	Y2–132M–4	Y：三相异步电动机；2：设计序号；132：基座中心高度；M：基座长度代号（M 为中基座）；4：磁极数
相数	3	接三相电源
接法	△	电动机的绕组采用三角形接法

4．查阅相关资料，了解电动机型号的编制规则，写出 Y132M–4 型电动机型号的含义。

答：

Y：一般用途三相笼型异步电动机。

132：机座中心高度。

M：机座长度代号（M 为中机座）。

4：磁极数。

5．通过观察三相异步电动机可以发现，电动机定子绕组的接线通常有星形和三角形两种不同的接法。查阅资料了解这两种不同的接法，补全接线图，并回答问题。

（1）图 1–2–2 所示为定子绕组的星形接法，此时每相绕组的电压为 $U_{线}/\sqrt{3}$ 。

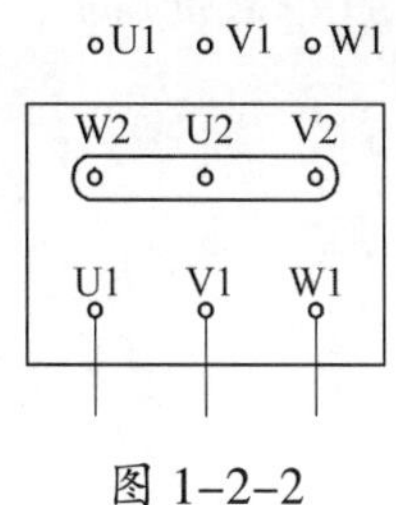

图 1–2–2

（2）图 1–2–3 所示为定子绕组的三角形接法，此时每相绕组的电压与线电压 相等 。

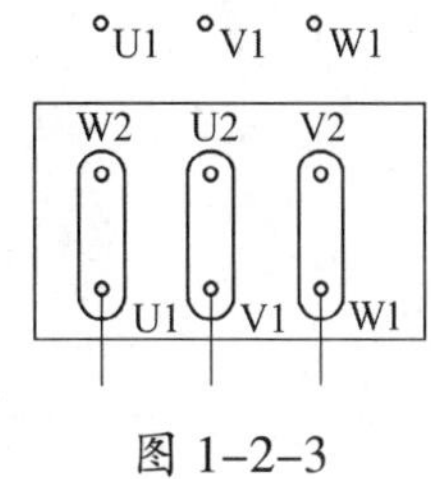

图 1–2–3

6．查阅相关资料，说明应如何改变三相异步电动机的旋转方向。

答：应改变三相交流电流的相序，即对调任意两根电源线，就可以使电动机反转。

7．查阅相关资料，学习三相异步电动机的结构与原理知识，写出改变三相异步电动机的转速有哪些方法。

答：改变三相异步电动机的转速有改变转差率、改变磁极对数和改变电源频率三种方法。

8．根据实际机床铭牌参数判断：主轴电动机、冷却泵电动机分别是几极电动机？转差率分别是多少？额定电流值分别是多少？

答：主轴电动机的型号为 Y132M-4-B3，为 4 极电动机，转速是 1 450 r/min，转差率为 0.033，额定电流值为 13.4 A；冷却泵电动机的型号为 YOB-25，为 2 极电动机，转速是 2 800 r/min，转差率为 0，额定电流值为 0.17 A。

9．查阅相关资料，了解异步电动机的常用工作方式，填写在表 1-2-2 中。

表 1-2-2　　异步电动机的常用工作方式

工作方式	说明
连续工作制	指电动机在额度负载范围内，允许被长期连续不停使用，但不允许被多次断续重复使用
短时工作制	指电动机不能被连续不停使用，只能在规定的负载下被短时使用
断续周期工作制	指电动机在规定的负载下，可被多次断续重复使用

二、认识直流电动机

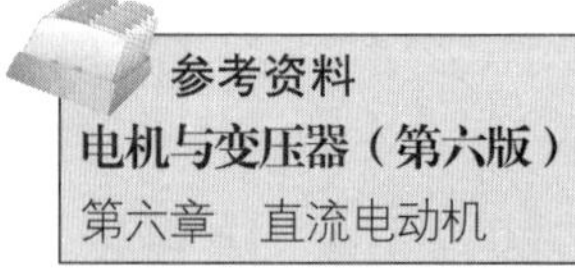

参考资料
电机与变压器（第六版）
第六章　直流电动机

直流电动机是将直流电能转变为机械能的电动机，直流电动机具有良好的启动、调速和制动性能，常用于对启动和调速性能要求比较高的场合。查阅相关资料，学习直流电动机的相关知识，回答以下问题。

1．直流电动机由哪两部分组成?

答：直流电动机由定子和转子两部分组成。

2．直流电动机的定子由哪几部分组成?

答：直流电动机的定子由主磁极、换向极、机座、电刷装置和后端盖等部分组成。

3．直流电动机的转动部分称为什么？由哪几部分组成？

答：直流电动机的转动部分称为转子，由电枢铁芯、电枢绕组、换向器、转轴和风扇等部分组成。

4．直流电动机的运行性能取决于励磁方式，按照励磁方式不同，直流电动机可分为哪些类型？

答：直流电动机按照励磁方式不同可分为两大类，一类由永久磁铁作为主磁极；另一类通过给主磁极绕组通入直流电产生主磁场。后一类又可分为他励电动机、并励电动机、串励电动机和复励电动机。

5．某直流电动机的型号是 Z2–41，其含义是什么？

答：

Z：系列代号，表示直流电动机。

2：设计序号，表示第二次全国定型设计。

4：4 号机座。

1：短铁芯。

6．什么是直流电动机的电枢反应？

答：当直流电动机拖动负载运行时，其电枢绕组中有负载电流通过，电枢电流产生的磁场称为电枢磁场，电枢磁场对主磁场的影响称为电枢反应。

7．应怎样改变直流电动机的旋转方向？

答：改变电源的正、负极接法就可以使直流电动机反转。

8．改变直流电动机的转速有哪些方法？

答：改变直流电动机的转速有改变电枢电压调速、电枢回路串电阻调速和改变励磁磁通调速等方法。

三、保养电动机

1．查阅相关资料，按正确步骤拆卸电动机，对照前面所学知识，观察其结构组成，正确指认各组成部分。

2．电动机的日常保养主要有哪些工作内容？试简要列举出来。

参考资料
电工技能训练（第六版）
第四单元课题二　三相异步电动机的拆装

答：电动机的日常保养主要有看、听、摸、测和做五类工作内容。

（1）看：看电动机工作电流的大小和变化，看电动机周围是否有漏水或滴水，看电动机外围是否有影响通风散热的物件，看风扇、端盖、风叶和电动机外部是否需要清洁。

（2）听：听电动机运行声音有无异常，可借助旋具或听棒等辅助工具。听电动机及其拖动设备是否有不良振动来判断电动机内部轴承油的多少，以及时添加轴承油或更换新轴承等。

（3）摸：用手背探摸电动机周围来感受温度，或用测温枪进行检查。判断电动机两端的温度是否低于中间绕组段的温度，如果两端轴承处温度较高，应结合所测得的轴承声音情况检查轴承；如果总体温度偏高，应结合工作电流检查电动机的负载、装备和通风等情况，以进行相应处理。

（4）测：在电动机停止运行时，可用绝缘表测量其各相对地或相间电阻，用烘潮灯烘烤不良部分以提高绝缘性能。在潮湿和寒冷天气要及时对电动机进行防水、防潮和烘干处理。

（5）做：不仅要对检查中发现的问题及时采取补救措施，还要按保养周期对电动机进行螺丝及接线紧固、拆解检查和清洁保养等。如需更换轴承，要尽可能选用性能好的轴承。在电动机投入运行前，要再次确认轴伸出端径向摆动与端盖紧固情况是否良好，转子转动是否灵活，绕组引线连接是否正确等。

3．按正确的步骤完成电动机的保养项目，将表 1–2–3 补充完整。

表 1–2–3　　三相异步电动机保养记录单

电动机类型		电动机型号	
检修负责人		完工时间	

序号	保养项目	保养结果
1	进行抽芯检查，检查轴承磨损情况，清扫或清洗污垢	
2	检查电动机的通风情况	
3	检查零部件生锈和腐蚀情况	
4	检测绝缘电阻，进行干燥处理	
5	检查和更换润滑剂	

四、认识低压电器

参考资料
电力拖动控制线路与技能训练（第六版）
第一单元　常用低压电器及其安装、检测与维修

通过对前面的学习可以发现，CA6140 型车床的控制线路是由很多个电气元件或设备组成的，将各种电气元件或设备连接在一起，就实现了车床的各种控制功能。这些电气元件或设备统称为低压电器，查阅相关资料，学习低压电器的相关知识，回答下面的问题。

1．低压电器的基本知识

（1）低压电器和高压电器分别是如何定义的?

答：根据工作电压的高低，电器可分为高压电器和低压电器。工作在交流额定电压 1 200 V 及以下、直流额定电压 1 500 V 及以下的电器称为低压电器。工作在交流额定电压 1 200 V 以上、直流额定电压 1 500 V 以上的电器称为高压电器。

（2）CA6140 型车床的主要电气控制部分都安装在其控制箱内，观察控制箱，在教师的讲解下，认识各元器件的名称，通过查阅相关资料，写出各元器件的代号、名称、型号、规格和作用（表 1–2–4）。

表 1–2–4　　各元器件的代号、名称、型号、规格和作用

代号	名称	型号	规格	作用
M1	主轴电动机	Y132M–4–B3	7.5 kW、1 450 r/min	带动主轴旋转及刀架做进给传动
M2	冷却泵电动机	AOB–25	90 W、3 000 r/min	供应切削液
M3	快速移动电动机	AOS5634	250 W、1 360 r/min	拖动刀架快速移动
KM	交流接触器	CJ10–20	线圈电压 110 V	控制 M1
KA1	中间器	JZ7–44	线圈电压 110 V	控制 M2
KA2	继电器	JZ7–44	线圈电压 110 V	控制 M3
KH1	热继电器	JR36–20/3D	熔体 15.4 A	M1 过载保护
KH2	热继电器	JR36–20/3D	熔体 0.32 A	M2 过载保护
FU1	熔断器	BZ001	熔体 6 A	M2、M3 短路保护
FU2	熔断器	BZ001	熔体 1 A	控制电路短路保护
FU3	熔断器	BZ001	熔体 1 A	信号灯短路保护
FU4	熔断器	BZ001	熔体 2 A	照明电路短路保护
TC	控制变压器	JBK2–100	380 V/110 V/24 V/6 V	控制电路电源
SB1	急停按钮	LAY3–01ZS/1		停止 M1
SB2	按钮	LAY3–10/3		启动 M1
SB3	按钮	LA9		启动 M3
SB4	旋钮开关	LAY3–10X/20		控制 M2
HL	信号灯	ZSD–0	6 V	电源指示
EL	照明灯	JC11	24 V	工作照明
QF	低压断路器	AM2–40	20 A	电源总开关

（3）表 1-2-5 中列出了 CA6140 型车床中用到的各种低压电器，查阅相关资料，对照实物图写出其名称、符号及功能。

表 1-2-5　　低压电器的名称、符号及功能

实物图	名称	文字符号和图形符号	功能
	常闭按钮	 SB	急停
	熔断器	 FU	短路保护
	低压断路器	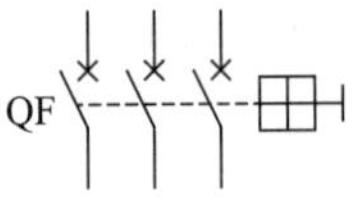 QF	正常时接通和切断电路，短路、过载和失压等故障时自动跳闸切断电路
	组合旋钮开关	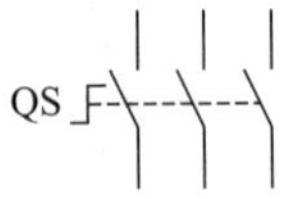 QS	接通和切断电路
	接触器常开主触头	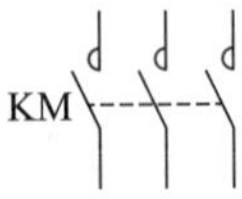 KM	电磁式开关，用于远距离且频繁地接通或断开主电路或大容量控制电路等大电流电路

续表

实物图	名称	文字符号和图形符号	功能
	热继电器	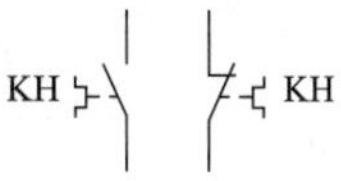 KH KH	利用热效应进行过载保护
	中间继电器	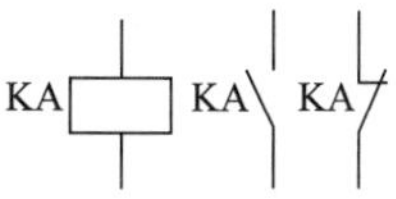 KA KA KA	增加控制电路中的信号数量或将信号放大
	行程开关	 SQ	根据机械发出的指令控制机械运行方向或行程

（4）表 1–2–6 中列出了常见低压电器的文字符号和图形符号，查阅相关资料，对照符号，写出其名称。

表 1–2–6　　常见低压电器的文字符号和图形符号

符号	名称	符号	名称
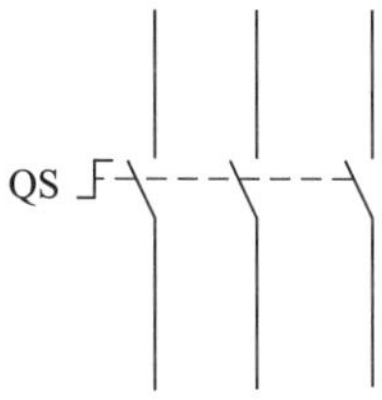 QS	组合旋钮开关	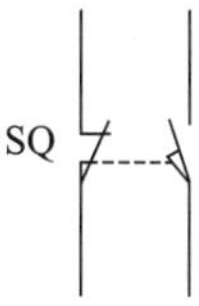 SQ	行程开关的复合触头
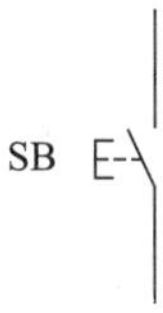 SB	常开按钮	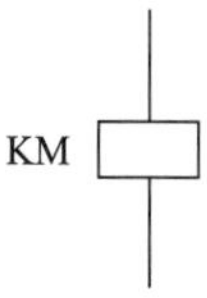 KM	接触器的线圈操作器件

续表

符号	名称	符号	名称
SB	常闭按钮	KM	接触器的常开主触头
SB	复合按钮	KM	接触器的辅助常开触头
SB	急停按钮	KM	接触器的辅助常闭触头
SB	钥匙操作式按钮	KH	热继电器的热元件
SQ	行程开关的常开触头	KH	热继电器的常闭触头
SQ	行程开关的常闭触头	TC ~380V ~24V ~110V	控制变压器

2．低压开关

低压开关在电气控制线路中主要起电气隔离及电路的转换、接通和分断作用，许多机床电气控制线路的电源和局部照明线路都是通过低压开关控制的，有时还用低压开关直接控制小容量电动机的启动、停止、正转和反转。查阅相关资料，回答下面的问题。

（1）常见的低压开关有哪些?

答：常见的低压开关有低压断路器、负荷开关和组合开关。

（2）某低压电器的型号是 LAY3–10X/20，其含义是什么？

答：

L：主令电器。

A：按钮。

Y3：钥匙操作式。

1：常开触头数。

0：常闭触头数。

X：结构形式代号。

20：辅助规格代号。

（3）列举常用低压开关的名称、规格型号、文字符号和图形符号等信息，填入表 1–2–7 中。

表 1–2–7　　低压开关的名称、规格型号、文字符号和图形符号

序号	1	2	3	4	5
名称	低压刀开关	开启式低压负荷开关	封闭式低压负荷开关	组合旋钮开关	低压断路器
规格型号	HD11 ~ HD14 系列；HS11~HS13 系列	HK1 和 HK2 系列	HH3 和 HH4 系列	HZ1、HZ2、HZ3、HZ4、HZ5、HZ10 和 HZ15 等系列	DZ 和 DW 等系列
文字符号	QS	QS	QS	QS	QF
图形符号					

3．按钮

按钮是一种通过人体某一部分（一般为手指或手掌）施加力而操作，并具有弹簧储能复位功能的控制开关，是一种最常见的主令电器。

（1）按钮的触头允许通过的电流一般不超过多少？

答：按钮的触头允许通过的电流一般不超过 5 A。

（2）按钮一般由哪几部分组成?

答：按钮一般由按钮帽、复位弹簧、桥式动触头、静触头、支柱连杆及外壳等部分组成。

（3）按钮可分为哪几种类型?

答：按钮按照不受外力作用（即静态）时触头的分合状态，可分为启动按钮（即常开按钮）、停止按钮（即常闭按钮）和复合按钮（即常开、常闭触头组合为一体的按钮）。

（4）选择按钮颜色的具体要求是什么?

答：

红色：紧急或危险情况时操作。

黄色：异常情况时操作。

绿色：安全情况或为正常情况准备时操作。

蓝色：要求强制动作情况时操作。

4．接触器

接触器是一种自动的电磁式开关，其触头的通断不是用手来控制，而是通过电动操作。查阅接触器的相关资料，回答下面的问题。

（1）接触器按照通过电流种类的不同可分为哪两种类型?

答：接触器按照通过电流种类的不同可分为交流接触器和直流接触器两种类型。

（2）使用接触器进行控制的优点是什么?

答：使用接触器进行控制的优点是能实现远距离自动操作，可实现欠压和失压自动释放保护功能。

（3）某接触器的型号是 CJ10–20，其含义是什么？

答：

C：接触器。

J：交流。

10：设计序号。

20：额定电流为 20 A。

（4）某接触器的型号是 CZ20–20，其含义是什么？

答：

C：接触器。

Z：直流。

20：设计序号。

20：额定电流为 20 A。

（5）交流接触器主要由哪几部分组成？

答：交流接触器主要由电磁系统、触头系统、灭弧装置和辅助部件等组成。

（6）直流接触器主要由哪几部分组成？

答：直流接触器主要由电磁系统、触头系统和灭弧装置三部分组成。

（7）选用接触器要注意哪些因素？接入交流接触器线圈的电压过高或过低分别会造成什么后果？为什么？

答：选用接触器要注意接触器的类型、接触器主触头的额定电压、接触器主触头的额定电流、接触器线圈的额定电压、接触器触头的数量和种类等因素。

接入交流接触器线圈的电压过高或过低都会造成线圈过热或被烧坏的后果。电压过高，磁路趋于饱和，线圈电流会显著增大；电压过低，电磁吸力不足，衔铁吸合不上，线圈电流会达到额定电流的十几倍。

（8）需要两个 110 V 的交流接触器同时动作时，能否将其两个线圈串联接到 220 V 电路上？为什么？

答：需要两个 110 V 的交流接触器同时动作时，不能将其两个线圈串联接到 220 V 电路上。虽然接触器线圈具有一定的短时耐过压过流能力，但在串联后两个接触器并不能保证完全平均地分配电压；且假设其中一个接触器线圈故障短路，另一个接触器要承受全部 220 V 电压，其必然会损坏，有安全隐患。欠压的接触器有可能处于分断与吸合状态之间，因不能稳定而过热损坏，短时频繁通断对主触点也有一定损害，而过压的接触器绝缘和吸合后的过流都会对接触器的使用寿命和安全造成不良影响。

5．继电器

继电器是一种根据输入信号（电量或非电量）的变化，来接通或分断小电流电路（如控制电路），实现自动控制和保护电力拖动装置的电器。一般情况下，继电器不直接控制电流较大的主电路，而是通过控制接触器或其他电器的线圈来实现对主电路的控制。查阅相关资料，回答下面的问题。

（1）继电器的种类很多，按输入信号性质的不同可分为哪些类型？

答：继电器按输入信号性质的不同可分为电压继电器、电流继电器、时间继电器、温度继电器、速度继电器和压力继电器等类型。

（2）继电器按工作原理的不同可分为哪些类型？

答：继电器按工作原理的不同可分为电磁式继电器、电动式继电器、感应式继电器、晶体管式继电器和热继电器等类型。

（3）电磁式继电器按其在电路中作用的不同可分为哪些类型？

答：电磁式继电器按其在电路中作用的不同可分为中间继电器、电流继电器和电压继电器三种类型。

（4）中间继电器有什么作用？

答：中间继电器可增加控制电路中的信号数量或将信号放大。

（5）某继电器的型号是 JZ7–44，其含义是什么？

答：

J：继电器。

Z：中间。

7：设计序号。

4：常开触头数。

4：常闭触头数。

（6）中间继电器和接触器有何异同？在什么条件下可以用中间继电器来代替接触器？

答：不同点：接触器用于接通和断开功率较大的负载，位于（功率）主电路中，其主触头一般带有联锁触头以表示主触头的开闭状态。中间继电器一般用于在电器控制电路中放大微型或小型继电器的触头容量，以驱动较大的负载，如可以用中间继电器的触头接通或断开接触器的线圈。一般中间继电器都有较多的开闭触头，通过适当的接法还可以实现某些特殊功能，如逻辑运算等。中间继电器动合动断的触头数比接触器多，这些触头主要用于小电流的信号转换，不参与对主回路的直接控制。

相同点：二者都通过控制线圈的通电或断电来驱动触头的开闭，以断开或接通电路。线圈的控制电路与触头所在的电气回路是电气隔离的。

接触器主要应用在主回路中，它的工作状态由中间继电器或其他控制因素决定，其触头负荷能力要相对大些。在控制电流小于 10 A 的情况下才能用中间继电器代替接触器。

（7）热继电器是利用流过继电器的电流所产生的热效应而反时限动作的自动保护电器。它主要由哪几部分组成？

答：热继电器主要由热元件、传动机构、常闭触头、电流整定按钮、复位按钮和限位螺钉组成。

（8）某继电器的型号为 JR36–20，其含义是什么？

答：

JR：热继电器。

36：设计序号。

20：额定电流为 20 A。

（9）选用热继电器时，热元件的整定电流应为电动机额定电流的多少倍？

答：热元件的整定电流应为电动机额定电流的 0.95 ～ 1.05 倍。

6．行程开关

行程开关是一种利用生产机械某些运动部件的碰撞来发出控制指令的电器，主要用于控制生产机械的运动方向、速度、行程大小或位置，是一种自动电器。查阅相关资料，回答下面的问题。

（1）某行程开关的型号为 JWM6-11，其含义是什么？

答：

J：机床电器。

W：微动。

M6：派生代号，M 表示密封式。

11：设计序号。

（2）行程开关与按钮的相同点是什么？区别是什么？

答：

相同点：都是控制电器的元件。

不同点：

1）原理不同

行程开关利用机械运动部件的碰撞接通或断开控制电路，达到一定的控制目的。

对于启动按钮，按下启动按钮前触头断开，按下启动按钮后触头闭合、接通电路；对于停止按钮，按下按钮前触头闭合，按下按钮后触头断开、电路断路。

2）用途不同

行程开关主要用于将机械信号转变为电信号，从而改变机械的运行状态，进而控制机械动作或程序。

按钮用途非常广泛，如车床的启动和停止、正转和反转等，塔吊的启动、停止、上升、下降、前进、后退、向左、向右、慢速或快速等操作也都需要按钮来控制。

3）种类不同

行程开关按其结构可分为按钮式和旋转式。

按钮可分为急停按钮、启动按钮、停止按钮和复合按钮。

（3）选用行程开关应该注意哪些参数？

答：选用行程开关应该注意形式、工作行程、额定电压及触头的电流容量等参数。

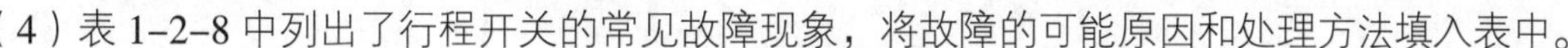

（4）表 1–2–8 中列出了行程开关的常见故障现象，将故障的可能原因和处理方法填入表中。

表 1–2–8　　行程开关的常见故障现象及处理方法

故障现象	可能原因	处理方法
挡铁碰撞行程开关后，触头不动作	安装位置不准确	调整安装位置
	触头接触不良或接线松脱	清洗触头或紧固接线
	复位弹簧失效	更换弹簧
杠杆已经偏转，或已无外界机械力作用，但触头不复位	复位弹簧失效	更换弹簧
	内部撞块卡阻	清扫内部杂物
	调节螺钉太长，顶住微动开关	检查并调整调节螺钉

7．变压器

查阅变压器的相关资料，回答下面的问题。

（1）变压器的用途是什么？其基本原理是什么？

答：变压器在电力系统中的主要作用是改变交流电压大小，以满足不同负载的需要。电压经升压变压器升压后再输送，可以减少线路损耗，提高送电的经济性，达到远距离送电的目的。降压变压器则能把高电压变为用户需要的各级使用电压。

变压器是利用电磁感应原理工作的电气设备，当一次绕组被加上电压并流过交流电流时，在其铁芯中会产生交变磁通，交变磁通是变压器进行能量传递的媒介，又称主磁通。在主磁通的作用下，一次、二次绕组分别产生感应电动势，电动势的大小与绕组匝数成正比。变压器的一次、二次绕组匝数不同，这样就起到了变压作用。

（2）小型变压器由哪几部分组成？

答：小型变压器主要由铁芯和绕组组成。

（3）电力变压器由哪几部分组成？

答：电力变压器主要由器身（铁芯和绕组）、油箱和冷却装置、调压装置、保护装置（吸湿器、安全气道、气体继电器、储油柜及信号式温度计等）和绝缘套管等部分组成。

（4）变压器能否变换直流电？为什么？

答：变压器不能变换直流电。因为当直流电压加在变压器的一次绕组上时，通过一次绕组的电流是直流电流，即电流的大小和方向不变，它产生的磁场通过二次绕组的磁通量不变。因此，在二次绕组中不会产生感应电动势，其两端也没有电压，变压器不能变换直流电，否则会烧坏绕组。

（5）变压器在使用时应主要考虑哪些参数？

答：变压器在使用时应主要考虑额定容量、额定电压、额定频率、联结组和变压比等参数。

8．低压电器的灭弧

（1）什么是电弧？一般在什么情况下出现电弧？其有什么危害？

答：电弧是一种气体放电现象，指电流通过某些绝缘介质（如空气）产生强大的光和热。

在开、断电时感性电路会形成电弧，电弧的强弱取决于弧电压和弧电流乘积的大小（电压低、电流大也会形成强大电弧，如使用中的电焊机）。

电弧的危害如下：

电弧延缓了电路的开断，会对电器造成相当大的危害。电弧产生时温度较高，容易把绝缘材料烧毁，造成漏电。电弧还易造成短路。

（2）低压电器常用的灭弧方法有哪些？

答：低压电器常用的灭弧方法有灭弧罩、灭弧栅、磁吹式灭弧和多纵缝灭弧。

五、识读电气原理图

> 参考资料
> **机械与电气识图（第四版）**
> §5-2　识读电路图
> **电力拖动控制线路与技能训练（第六版）**
> 第二单元课题 2　三相笼型异步电动机的点动正转控制线路
> 第二单元课题 3　三相笼型异步电动机的自锁正转控制线路

1．基本电气控制线路原理图的识读

（1）查阅相关资料，学习电气原理图的识读方法和相关电气控制线路原理，分析图 1-2-4 所示电路的工作原理并回答问题。

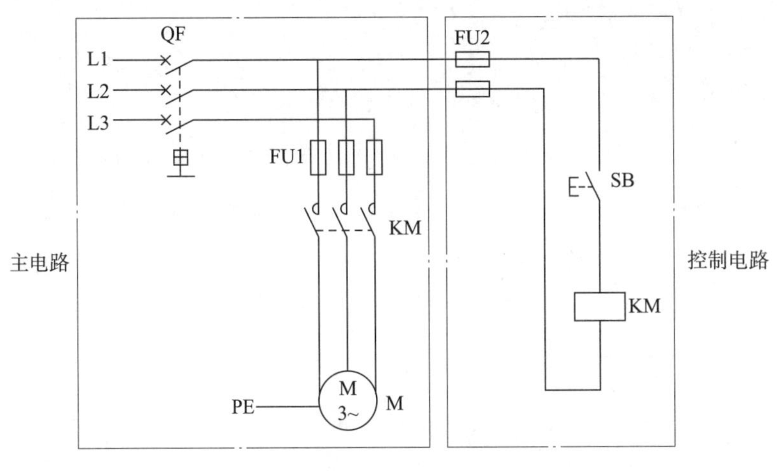

图 1-2-4

1）在图中分别标出主电路、控制电路，并说明它们是如何布局的。

答：主电路在左边，控制电路在右边。

2）图中两个不同的符号均标为 KM，它们分别表示什么？它们之间有什么关系？

答：图中主电路的 KM 指接触器主触头，控制电路的 KM 指接触器线圈操作器件。线圈操作器件在通电后产生磁性，使主触头吸合。

3）FU1、FU2 起什么作用？两者能采用一样的型号吗？其保护范围有何区别？

答：FU1、FU2 是熔断器，起短路保护作用。它们不能采用同一型号，FU1 在主电路中，通过的电流大；FU2 在控制电路中，通过的电流小。

4）按下按钮后再松开会出现什么现象？如何实现电动机连续运行？

答：松开按钮后接触器线圈失电，电动机停止转动。应通过与启动按钮并联的起自锁作用的辅助常开触头使接触器线圈保持得电而实现电动机的连续运行。

5）什么是过载保护？为什么对电动机要采用过载保护？

答：过载保护是为防止主电源线因过载或过热损坏绝缘部分而增加的过载保护装置。

当负载过大时，电动机定子绕组流过的电流就会超过安全载流量，即导线过载，导线过载会引起导线升温。一般情况下，导体的最大允许工作温度为 65 ℃。当导体过载时，导体温度超过最大允许工作温度，这将导致导体绝缘迅速老化，甚至线路燃烧，引起火灾。因此，在实际的电动机供电线路中，通常装有过载保护装置，以防过载造成安全隐患。

6）在电动机控制线路中，短路保护和过载保护各由什么电器来完成？它们能否相互代替使用？为什么？

答：在电动机控制线路中，短路保护和过载保护是不同的两种保护电路，短路保护由熔断器完成，过载保护由热继电器完成，两者的承载能力一般都会超过导线的承载能力，但它们不能相互代替使用。因为短路故障的故障电流较大，短路保护设置的电流动作值都接近导线承载最高点，而过载保护是设在电动机控制回路上的，规定整定值是电动机额定值的 0.95 ~ 1.05 倍。

（2）图 1–2–5 所示为一个三相异步电动机单方向连续运行控制线路的原理图，该电路较上一电路更为复杂，试识读该电路图并回答问题。

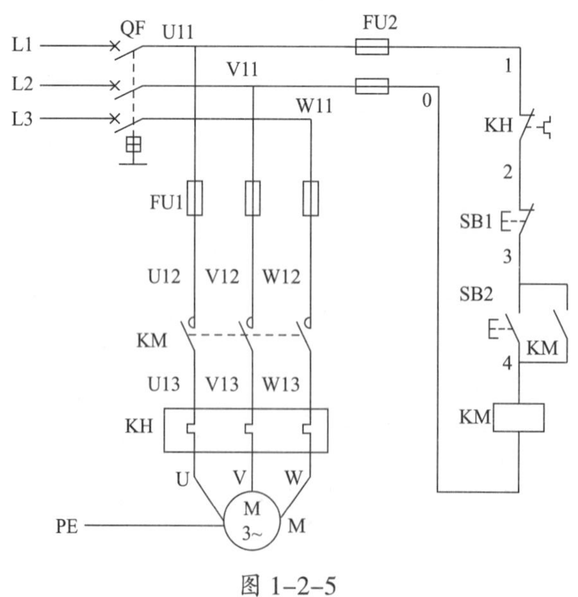

图 1–2–5

1）与 SB2 并联的 KM 起什么作用？简述控制线路的工作过程。

答：与 SB2 并联的 KM 起自锁作用。

控制线路的工作过程为：

按下 SB2 → KM 线圈得电 → KM 主触头闭合 / KM 辅助常开触头闭合 → 电动机启动，连续运转

2）图中有两处标有 KH，它们表示什么含义？KH 所代表的电器在线路中起什么作用？如何实现？

答：一个 KH 连在主电路中，是热继电器的热元件；一个 KH 连在控制电路中，是热继电器的常闭触头。它们起过载保护作用。当电动机工作时，由于负载增大、堵转或其他因素，电动机工作电流增大（比额定值大，但又小于短路电流），如果电动机长时间过载，则容易被烧毁，因此，当过载持续一定时间后，控制电路中热继电器的常闭触头断开，KM 线圈失电，自动断开电动机电源。

3）什么是欠压保护？什么是失压保护？为什么说接触器自锁控制线路具有欠压和失压保护作用？

答：欠压保护是指当线路电压下降到某一数值时，电动机能自动脱离电源停转，避免其在欠压下运行的一种保护。

失压保护是指在电动机正常运行中，由于外界某种原因引起突然断电时，能自动切断电动机电源，当重新供电时，保证电动机不能自行启动的一种保护。

采用接触器自锁控制线路可以避免电动机欠压运行。因为当线路电压下降到一定值（一般指低于额定电压 85% 以下）时，接触器线圈两端的电压也同样下降到此值，此时接触器线圈磁通减弱，产生的电磁吸力减小。当电磁吸力减小到小于反作用力弹簧拉力时，动铁芯（衔铁）被迫释放，主触头和自锁触头同时分断，自动切断主电路和控制电路，电动机失电停转，从而达到欠压保护的目的。

采用接触器自锁控制线路也可以实现失压保护。因为接触器主触头和自锁触头在电源断电时已经断开，使控制电路和主电路不能被接通，所以在电源恢复供电时，电动机不会自行启动运转，从而保证了人身和设备的安全。

2．CA6140 型车床电气原理图的识读

图 1-2-6 所示为 CA6140 型车床电气原理图，查阅相关资料并分析电路工作原理，回答下面的问题。

> **参考资料**
> **电力拖动控制线路与技能训练（第六版）**
> 第三单元课题 1　CA6140 型车床电气控制线路

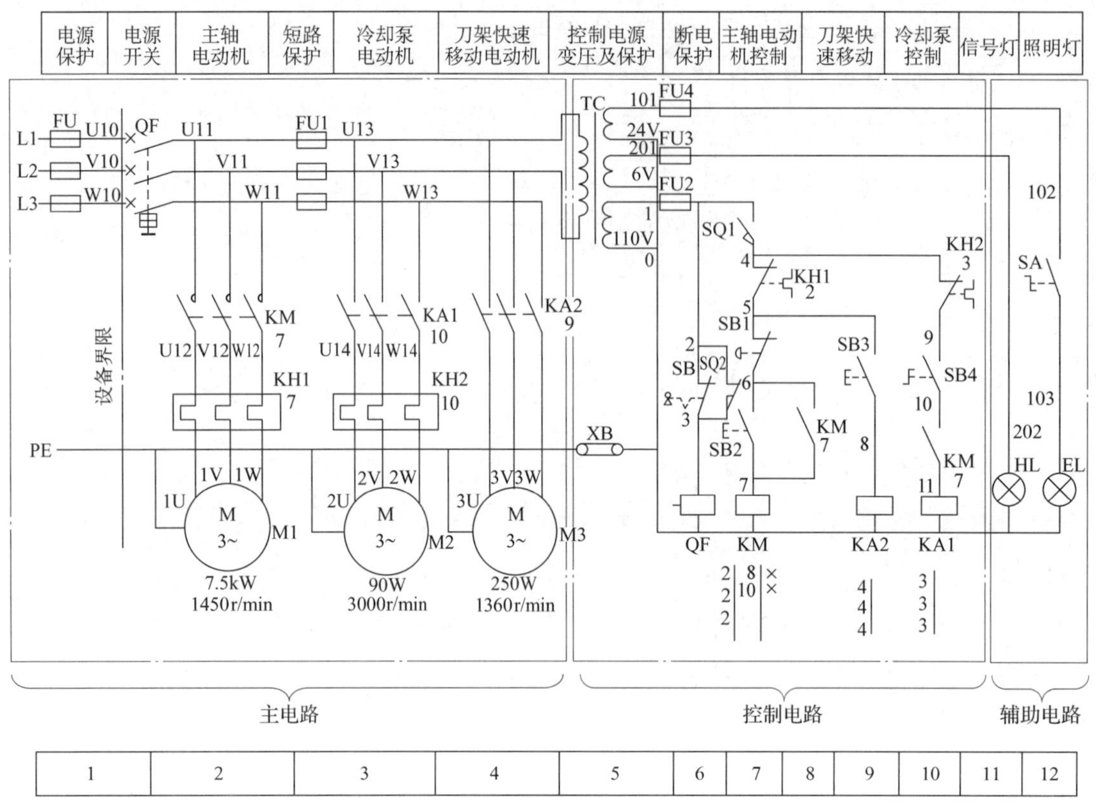

图 1-2-6

（1）根据 CA6140 型车床的电气控制要求，识读电路图，填写表 1-2-9。

表 1-2-9　　CA6140 型车床的电气控制要求

电动机	旋转方向	启动顺序
主轴电动机 M1	单向	M1 先启动
冷却泵电动机 M2	单向	M1 启动后，M2 才能启动
刀架快速移动电动机 M3	单向	M3 可先或后启动

（2）分析电路工作原理，理解电路是如何实现控制要求的。参照给定示例，完成表 1-2-10 的填写。

表 1-2-10　　电路工作原理

序号	被控对象	涉及的接触器或中间继电器	简述工作原理
1	主轴电动机 M1	KM	按下 SB2—KM 线圈得电—KM 自锁—M1 运转—主轴开始工作 按下 SB1—KM 线圈失电—KM 触头复位断开—M1 停转—主轴停止工作
2	冷却泵电动机 M2	KA1	M1 启动—KM 的常开辅助触头闭合—按下 SB4—KA1 吸合—KA1 的常开触头闭合—M2 启动运转 M1 停止运行或断开 SB4—M2 停止运转
3	刀架快速移动电动机 M3	KA2	按下 SB3—KA2 得电吸合—M3 启动运转—刀架沿指定的方向快速移动 松开 SB3—KA2 失电断开—M3 停止运转—刀架停止移动

（3）识读 CA6140 型车床电气原理图，在图中分别标出主电路、控制电路和辅助电路。

（4）为了保障机床的操作安全，电源开关采用了哪些保护措施？

答：1）电源开关 QF 是带有开关锁 SA 的低压断路器，在机床接通电源时需用钥匙开关操作，再合上 QF，这增加了安全性。当需合上电源时，先将钥匙开关插入 SA 开关锁中并右旋，使 QF 线圈断电，再扳动低压断路器 QF，将其合上，机床电源接通。若将钥匙开关左旋，则 SA 触头闭合，QF 线圈通电，低压断路器跳闸，机床断电。

2）打开机床控制配电柜柜门，自动切除机床电源的保护。在配电柜柜门上装有安全行程开关 SQ2，当打开配电柜柜门时，安全开关 SQ2 的触头闭合（SQ2 为按钮式行程开关，当门关上时会压住 SQ2 的按钮，SQ2 断开），使低压断路器线圈因通电而自动跳闸，断开电源，以确保人身安全。

3）机床床头传动带罩处设有按钮式行程开关 SQ1，当打开传动带罩时，安全开关 SQ1 触头断开，将 KM、KA1 和 KA2 线圈电路断开，电动机将全部停止旋转，以确保人身安全。

4）为满足打开机床控制配电柜柜门进行带电检修的需要，可将安全开关 SQ2 传动杆拉出，使其触头断开，此时 QF 电路断开，QF 开关仍可合上。带电检修完毕并关上配电盘壁龛门后，将安全开关 SQ2 传动杆复位，SQ2 的保护功能恢复正常。

（5）CA6140 型车床有几台电动机？是哪种类型的电动机？

答：CA6140 型车床有三台电动机。其中 M1 是主轴电动机，是三相异步电动机；M2 是冷却泵电动机，将封闭自冷的三相异步电动机和单级离心泵合二为一；M3 是刀架快速移动电动机，是三相异步电动机。

（6）CA6140 型车床的几台电动机分别采用哪种运行方式？

答：在 CA6140 型车床的三台电动机中，一台是主轴电动机，带动主轴做旋转运动；一台是冷却泵电动机，为车削工件供应切削液；一台是刀架快速移动电动机，带动刀架做快速进给运动。

（7）电路中主要采用了哪些保护措施？分别是用什么元器件实现的？

答：电路中主要采用了过载、短路、过流和欠压等保护措施。

电动机 M1 和 M2 分别由热继电器 KH1 和 KH2 实现过载保护；低压断路器 QF 实现电路的过流和欠压保护；熔断器 FU、FU1、FU3 和 FU4 实现各部分电路的短路保护。

（8）控制变压器 TC 的 3 个二次绕组的输出电压分别是多少？它们分别给什么电路供电？

答：控制变压器 TC 的 3 个二次绕组分别输出 110 V、24 V 和 6 V 的电压，110 V 电压为主轴电动机、冷却泵电动机和刀架快速移动电动机控制电路供电，24 V 电压为机床照明供电，6 V 电压为电源指示灯供电。

（9）信号灯 HL 为什么没有设控制开关？

答：信号灯 HL 是机床电源指示灯，只要接通电源，指示灯就会点亮，所以不需要设控制开关。

（10）KH1、KH2 分别起什么作用？它们的常闭触头串联使用的目的是什么？

答：KH1 是控制主轴电动机过载的热继电器，KH2 是控制冷却泵电动机过载的热继电器。它们的常闭触头串联使用的目的是保证任何一个热继电器的保护动作都将断开控制电路，断开电动机电源。

（11）分析电路的工作原理，主轴电动机与冷却泵电动机的启动和停止之间存在什么关系？简要描述其工作过程。

答：主轴电动机 M1 与冷却泵电动机 M2 为顺序控制关系。

只有当接触器 KM 得电吸合，使其常开辅助触头闭合后，合上开关 SB4，接触器 KA1 才能得电吸合，冷却泵电动机 M2 才能启动运转。断开开关 SB4 或按下按钮 SB1 即可使冷却泵电动机 M2 停止运转。

3．其他顺序控制的实现方式

参考资料
电力拖动控制线路与技能训练（第六版）
第二单元课题 7　三相笼型异步电动机的顺序控制线路

除了图 1-2-6 所示方法外，还可以用其他方法实现顺序控制。

（1）分析图 1-2-7 所示电路，它是由什么电路实现顺序控制的？简要写出其顺序控制的过程。

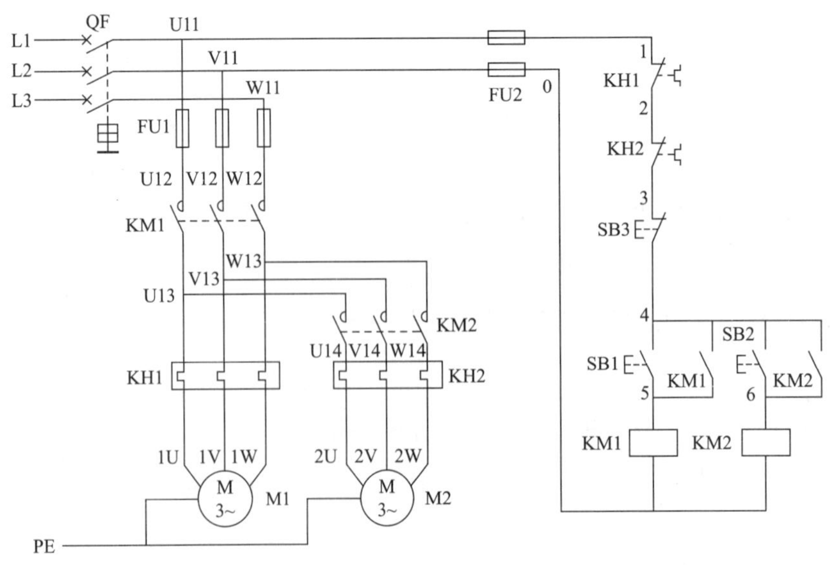

图 1-2-7

答：它是由主电路实现顺序控制的，其控制过程如下：

按 M1、M2 的顺序启动：

按下SB1 → KM1 线圈得电 → KM1 主触头闭合 / KM1 自锁触头闭合自锁 → 电动机 M1 启动连续运转 → 再按下SB2 →

KM2线圈得电 → KM2主触头闭合 / KM2自锁触头闭合自锁 → M2 启动连续运转。

M1、M2 同时停转：

按下SB3 → 控制电路失电 → KM1、KM2 主触头分断 → M1、M2 同时停转。

（2）分析图 1-2-8 和图 1-2-9 所示电路，它们实现的顺序控制与图 1-2-7 有什么不同？简要写出两图顺序控制的过程并比较它们的区别。

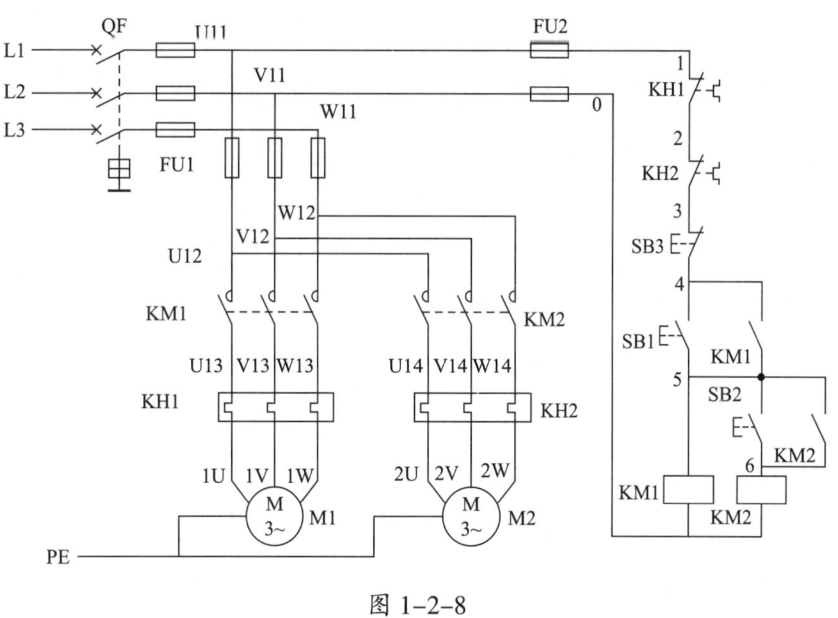

图 1-2-8

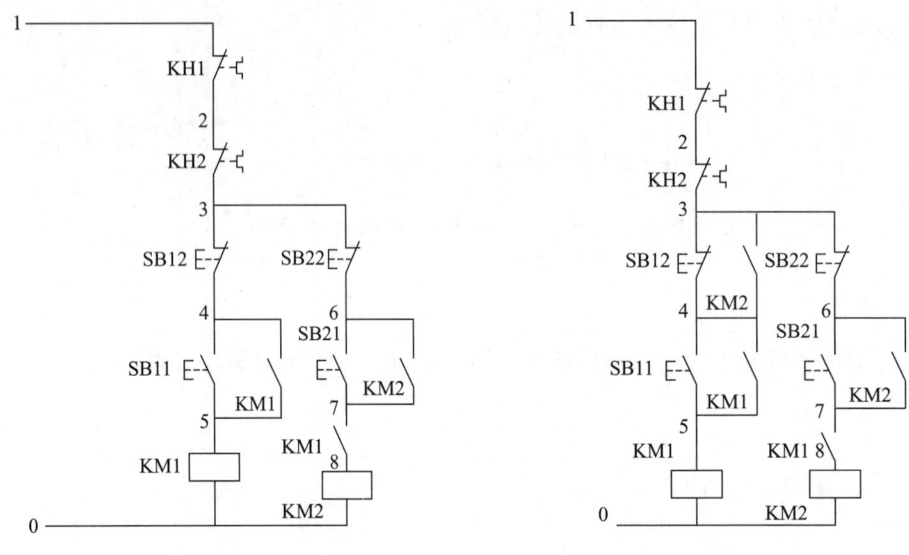

图 1–2–9

答：如图 1–2–8 所示，该控制线路的特点是电动机 M2 的控制电路先与接触器 KM1 的线圈并接后再与 KM1 的自锁触头串接，这样就保证了 M1 启动后、M2 才能启动的顺序控制要求。

如图 1–2–9 左图所示，该控制线路的特点是在电动机 M2 的控制电路中串接了接触器 KM1 的常开辅助触头。只要 M1 不启动，即使按下 SB21，由于 KM1 的常开辅助触头未闭合，KM2 线圈也不能得电，从而保证了 M1 启动后 M2 才能启动的控制要求。电路中停止按钮 SB12 控制两台电动机的同时停止，SB22 控制 M2 的单独停止。

如图 1–2–9 右图所示，该控制线路的特点是在图 1–2–9 左图中 SB12 的两端并接了接触器 KM2 的常开辅助触头，从而实现了 M1 启动后 M2 才能启动、M2 停止后 M1 才能停止的控制要求，即 M1、M2 是顺序启动、逆序停止。

六、制订工作计划

CA6140 型车床电气控制线路安装与调试工作计划

一、人员分工

1．小组负责人

2．小组成员及分工

姓名	分工

二、工具及材料清单

序号	工具或材料	单位	数量	备注
1	主轴电动机	台	1	7.5 kW、1 450 r/min
2	冷却泵电动机	台	1	90 W、3 000 r/min
3	快速移动电动机	台	1	250 W、1 360 r/min
4	交流接触器	个	3	线圈电压 110 V
5	热继电器	个	2	
6	熔断器	个	4	
7	控制变压器	个	1	
8	按钮	个	3	
9	旋钮开关	个	1	
10	信号灯	个	1	
11	照明灯	个	1	
12	低压断路器	个	1	
13	开关	个	1	
14	万用表	个	1	

续表

序号	工具或材料	单位	数量	备注
15	兆欧表	个	1	
16	转速表	个	1	
17	常用电工工具	套	1	
18	导线	/	若干	不同型号
19	标签	/	若干	
20	防护用具	套	1	

三、工序及工期安排

序号	工作内容	完成时间	备注
	根据具体情况填写		

四、安全防护措施

1. 作业前必须按规定穿戴好劳保用品。
2. 电气设备、线路等在未经检查和确认无电前，应一律视为有电。
3. 一切电气、机械设备的金属外壳及行车轨道等，必须有可靠的接地或重复接电安全设施。
4. 警示牌必须挂在明处。
5. 不能使用受潮或损坏的绝缘用具。
6. 掌握灭火、触电急救和人工呼吸的方法。

学习活动3　现 场 施 工

学习目标

1. 能正确识读位置图和接线图。

2. 能正确使用电工常用工具。

3. 能按图纸、工艺及安装规程要求，参照世界技能大赛电气安装技术标准完成线路安装施工任务，在安装过程中具有环保意识和成本意识。

4. 能在工作过程中严格执行企业的作业规范、安全生产制度、环保管理制度及“6S”管理制度，严格遵守从业人员的职业道德，具有吃苦耐劳、爱岗敬业的工作态度和职业责任感。

建议学时：24 学时

学习过程

一、识读 CA6140 型车床位置图

> 参考资料
> **机械与电气识图（第四版）**
> §5-5　识读电气布置图
> **电力拖动控制线路与技能训练（第六版）**
> 第三单元课题 1　CA6140 型车床电气控制线路

位置图也称电气布置图，用来表明电气设备上的电动机和电器的实际位置，是设备制造、安装和维修的必要资料。

CA6140 型车床位置图如图 1-3-1 所示，识读该图，回答下面的问题。

1．位置图主要由哪几部分组成?

答：位置图主要由机床电气设备位置图、控制柜及控制板电气设备位置图、操纵及悬挂操纵箱电气设备位置图等组成。

2．图 1-3-1 中项目代号的含义是：第一位是位置代号，表示＿电器在车床上的位置＿，第二位是种类代号，表示＿电器的种类＿。

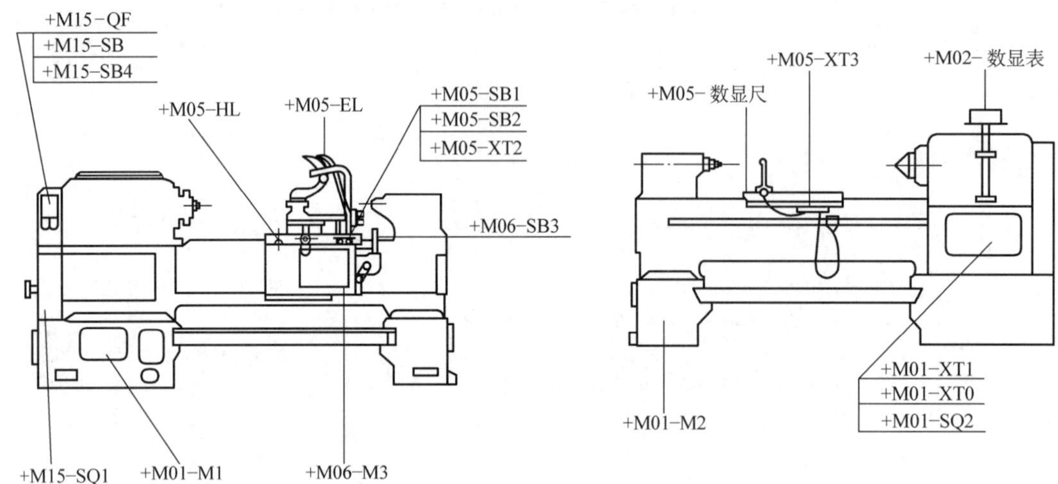

图 1-3-1

表 1-3-1　　位置代号索引

序号	主要部件名称	代号	安装的元件
1	床身底座	+M01	-M1、-M2、-XT0、-XT1、-SQ2
2	床鞍	+M05	-HL、-EL、-SB1、-SB2、-XT2、-XT3、数显尺
3	溜板箱	+M06	-M3、-SB3
4	传动带罩	+M15	-QF、-SB、-SB4、-SQ1
5	床头	+M02	数显表

二、识读 CA6140 型车床接线图

接线图是根据电气设备和电气元件的实际位置和安装情况绘制的，只用来表示电气设备和电气元件的位置、配线方式和接线方式，而不明确表示电气动作原理。接线图主要用于安装接线，线路的检查、维修和故障处理。

查阅相关资料，识读图 1-3-2 所示 CA6140 型车床接线图，回答下面的问题。

参考资料

机械与电气识图（第四版）

§5-3　识读接线图

电力拖动控制线路与技能训练（第六版）

第三单元课题 1　CA6140 型车床电气控制线路

+M15
-QF
U10 V10 W10
U11 V11 W11
SB
SB4
PE
塑胶管
φ20×1 500
(U10,V10,W10,
U11,V11,W11)
(0,9,10,3,2,PE)
+M15-SQ1
+M01-SQ2
塑胶管
φ6×800
φ6×400
(2,4)
(2,3)
+M01-M1
1W
1V
1U
PE
φ14×1 000
+M01-XT0
TC
FU1
FU2
FU3
FU4
壁龛配电盘
KA1
KA2
KH1
KH2
KM
+M01-XT1
+M05-HL
202
0
φ5×400
(202,0)
+M05-XT2
SB1
SB2
φ12×560
+M05-XT3
20×L
瓦斯管
G1×L
G3/4×L
φ18×550
φ8×700
钢丝编织包塑金属软管
8×450
φ6×80
+M05-EL
103
+M06-SB3
塑胶管 (5,8)
φ6×350
φ10×250
3W
3V
3U
+M06-M3
2W
2V
2U
+M01-M2

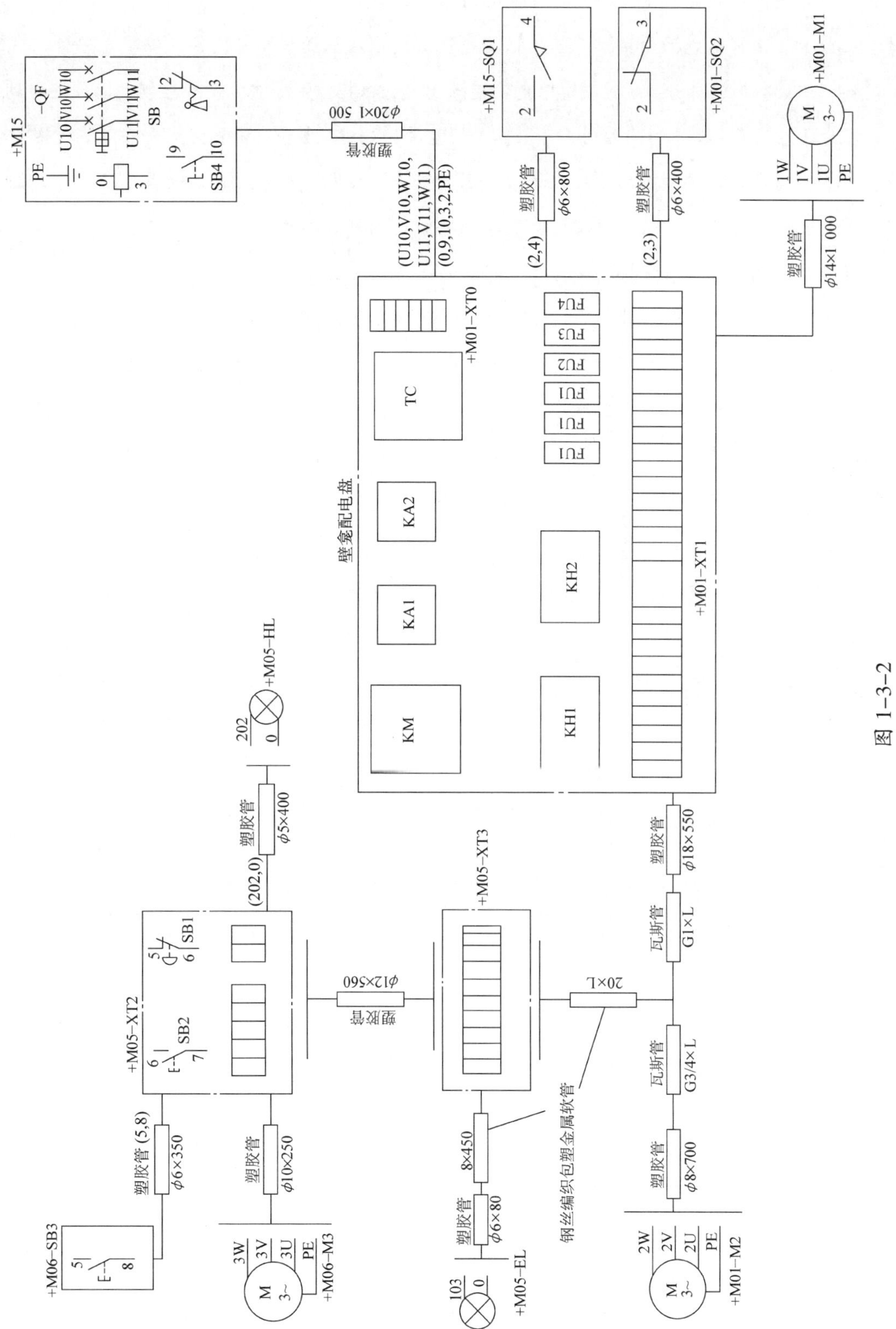

图 1-3-2

1．识读接线图时有哪些注意事项？

答：识读接线图时，应先看主回路，再看辅助回路。

识读主回路时，可以从电源输入端开始，根据电流流向依次识读控制元器件、保护元器件、线路和电动机等用电设备。识读辅助回路时，从控制电路电源起点出发，根据假定电流方向经控制元器件巡行到电源的另一相。在读图时还应注意施工中所用器材（元器件）的型号、规格、数量、布线方式和安装高度等重要资料。

接线图是根据电气原理图绘制的，在识读接线图时若能对照电气原理图，则效果更好。在读图时应注意分清回路标号，识读接线图时，应注意配电盘及其他整机的内外线路往往由端子板连接，盘（机）内线头编号与端子板接线柱编号对应，只需按编号将外电路上的线头对应安装即可。

2．实际工作中为什么要把电路图、布置图和接线图结合起来使用？

答：电路图又称电气原理图，它由元器件的电气符号构成，显示了整个电路的工作原理和电路组成。

布置图表示元器件实际摆放、安装和固定的位置，一般要按比例作图，以便设计者检查是否可以实现整体设计意图，布置图中的元器件一般要标注具体的规格、型号和名称。

接线图由元器件的简化外形符号等构成，主要表示电气设备和电气元器件的安装位置、配线方式和接线方式等信息，方便安装人员直接连接。

它们使用的对象和场合不同，各有优点，把它们结合起来使用可以互相对照，使电路的原理、元器件的规格型号和位置等内容一目了然。

三、安装元器件和布线

1．元器件安装和布线的基本方法

表 1-3-2 列出了 CA6140 型车床主电路、控制电路元器件安装和布线的基本步骤。查阅资料，学习相关内容，回答下面的问题。

参考资料
电力拖动控制线路与技能训练（第六版）
第三单元课题 1　CA6140 型车床电气控制线路

表 1-3-2　　CA6140 型车床主电路、控制电路元器件安装和布线的基本步骤

安装步骤	安装项目	工艺要求
第一步	选配并检验元器件和电气设备	1. 按照元器件清单配齐电气设备和元器件，并逐个检验其规格和质量 2. 根据电动机的容量、线路走向及要求和各元器件的安装尺寸，正确选配导线（包括导线的规格、类型和数量）、接线端子板、控制板和紧固件等
第二步	在控制板上固定电气元件和走线槽，并在电气元件附近做好与电路图上代号相同的标记	安装走线槽时，应做到横平竖直，排列整齐、匀称，安装牢固和便于走线等
第三步	在控制板上进行板前线槽配线，并在导线端部套编码套管	按板前线槽配线的工艺要求进行

续表

安装步骤	安装项目	工艺要求
第四步	按照位置图和接线图进行控制板外的元件固定和布线	1. 选择合理的导线走向，做好导线所经通道的准备 2. 控制板外部导线的线头上要套装与电路图相同线号的编码套管 3. 按规定在通道内放好备用导线 4. 按照工艺要求进行主电路的安装 5. 按照工艺要求进行主轴电动机控制电路的安装 6. 按照工艺要求进行冷却泵电动机和刀架快速移动电动机控制电路的安装 7. 按照工艺要求进行辅助控制电路的安装

（1）本任务采用塑料走线槽布线。塑料走线槽布线有什么特点？应注意哪些问题？

答：塑料走线槽布线具有整洁和安全等特点。塑料走线槽布线应在干燥的绝缘板上进行，走线槽须紧贴在控制板表面，做到横平竖直。槽板对接时，其底板和盖板均应锯出45°斜口，安装时，底板接缝与盖板接缝应错开。拐角连接时，应把拐角处槽内侧削成圆弧形，以避免在布线时碰伤导线。槽板中间固定点的间距应小于0.5 m，其起点和终点应在距槽板两端0.3 m处固定。同一槽板内只能敷设同一回路的导线，槽板内不能有导线接头，导线接头应在接线盒内。

（2）线槽布线是一种常见的布线方式。在世界技能大赛的评价标准中，关于线槽布线的要求主要有哪些？

答：在世界技能大赛的评价标准中，关于线槽布线的要求主要有以下几点：

1）所有导线在截面积等于或大于0.5 mm时，必须采用软导线。考虑机械强度等因素，所用导线的最小截面积在控制箱外为1 mm，在控制箱内为0.75 mm。但在不移动且无振动的场合中对控制箱内很小电流的电路连线时，如在电子逻辑电路中，可采用截面积为0.2 mm的软导线，也可采用硬线。

2）线槽应平整、无扭曲变形，其内壁应光滑、无毛刺。

3）各电气元件接线端子引出线的走向应以电气元件的水平中心线为界限来安排，在水平中心线以上的接线端子引出的导线，必须进入电气元件上面的线槽；在水平中心线以下的接线端子引出的导线，必须进入电气元件下面的线槽。任何导线都不能从水平方向进入线槽内。

4）各电气元件接线端子引出或引入的导线，除间距很小和电气元件机械强度很差的情况下允许直接架空敷设外，其他情况下必须经过线槽进行连接。

5）进入线槽的导线要完全置于线槽内，并尽可能避免其相互交叉。线槽内的导线不能超过线槽容量的70%，以便于盖上线槽盖和以后进行装配检修。

6）各电气元件与线槽之间的外露导线应走线合理并尽可能做到横平竖直，走向变换应垂直。同一个电气元件上位置一致的接线端子和同型号电气元件中位置一致的接线端子上引出或引入的导线要敷设在同一平面上，并做到高低一致或前后一致，不得交叉。

7）所有接线端子和导线端头上都应套有与电路图上线号一致的编码套管，并按线号进行连接。连接必须牢靠，不得松动。

8）接线端子与导线的截面积和材料性质必须相互匹配。当接线端子不适用于连接软线或较小截面积的导线时，可以在导线端头上穿上针形或叉形轧头并压紧。

9）一个接线端子一般只能连接一根导线，如果采用专门设计的接线端子，可以连接两根或多根导线，但导线的连接方式必须是公认的、在工艺上成熟的，如夹紧、压接、焊接或绕接等，并应严格按照连接工艺的工序要求进行。

10）同一回路的所有相线、中性线和保护线应敷设在同一线槽内，同一路径的无防干扰要求的线路可敷设于同一线槽内。

11）电线或电缆在线槽内不能有接头，电线、电缆和分支接头的总截面积（包括外护层）不应超过该点线槽内截面积的 75%。

2．主电路的安装

查阅相关资料，了解这些元器件安装的工艺要求，按要求进行施工。主电路安装布线过程中遇到了哪些问题？你是如何解决的？在表 1–3–3 中记录下来。

表 1–3–3 所遇问题和解决方法

所遇问题	解决方法

3．控制电路的安装

控制电路的安装包括以下三个部分：

（1）主轴电动机控制电路的安装。

（2）冷却泵和刀架快速移动电动机控制电路的安装。

（3）辅助控制电路的安装。

查阅相关资料，了解控制电路元件安装的工艺要求，按要求进行施工。在控制电路安装布线过程中遇到了哪些问题？你是如何解决的？在表 1–3–4 中记录下来。

表 1–3–4　所遇问题和解决方法

所遇问题	解决方法

四、评价

根据表 1–3–5 所列要求对本活动的完成情况进行评价。

表 1–3–5　评价表

项目要求	配分	评分细则	自我评价	小组评价	教师评价
时间要求	10	在规定时间内完成任务得 10 分；每超过 5 分钟扣 2 分			
现场准备，清点元器件和工具	5	元器件和工具清点完整得 5 分；缺一个扣 0.5 分			
安装、连接电路	30	电路连接正确、符合要求得 30 分；一处不符合扣 5 分			
电路安装步骤与方法	30	安装步骤与方法正确、符合工艺要求得 30 分；一处不符合扣 5 分			
线路布局	25	布局美观、符合控制要求得 25 分；一项不符合扣 5 分			
合计					

学习活动 4　检修与调试

学习目标

1. 能按照施工任务要求进行直观检查。

2. 能按相关的技术要求（如世界技能大赛电气安装技术标准中对绝缘电阻、接地电阻测试等的技术要求）使用仪表进行自检和互检，排查故障。

3. 通电试车合格后，能正确标注有关控制功能的铭牌标签。

4. 施工后，能按管理规定清理工作现场、整理工具、收集剩余材料、清理工程垃圾及拆除防护措施。

5. 能规范填写项目验收报告并交付验收。

建议学时：8 学时

学习过程

一、自检和互检

在断电的情况下进行自检和互检并完成以下内容。

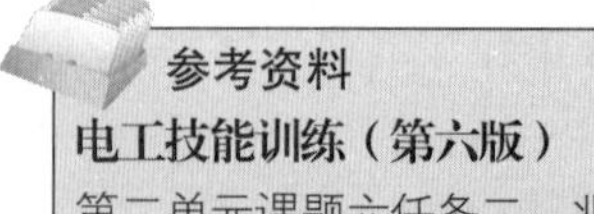

参考资料
电工技能训练（第六版）
第二单元课题六任务二　兆欧表的使用

1．根据电路图检查电路的接线是否正确、接地通道是否正确。用万用表进行检查，自行设计表格，记录检查的项目、过程、测试结果、所遇到的问题和处理方法。

2．检查热继电器的整定值和熔断器中熔体的规格是否符合要求。

答：热继电器的整定值和熔断器中熔体的规格要根据电动机的功率和控制电路的电流来进行选择。

3．检查电动机及线路的绝缘电阻。

（1）根据电动机的铭牌参数检查接线，查阅相关资料，将表 1–4–1 补充完整。

表 1–4–1　　检查接线

步骤	操作目的	具体步骤
第一步	分相	用万用表测量任意两根引出线，若其连通且电阻值较小，即为同一相绕组的两端
第二步	首、尾端判断	方法一： 用万用表或微安表判别首、尾端（剩磁法）。 1）首先将万用表转到电阻 R×1 挡，测出三组电动机绕组（若两端为同一绕组，则阻值很小，接近 0 Ω），将测出的同一绕组绑在一起，以便区分。 2）将区分好的三相绕组各抽一端接在一起，设为首端；将剩下三条线接在一起，设为尾端；将指针式万用表转到 50 μA 挡，将两表笔接在两个假设端节点。 3）手动转动转子，观察万用表指针是否摆动。 ①若指针不摆动，表示两个节点分别为各相绕组的首、尾； ②若指针摆动，表示节点中有首、尾混在一起。此时，可将任意相绕组的两端对调，再测。若指针仍摆动，再将另外一相绕组的两端对调，再测。若指针还摆动，则将第一次对调的两个头调回（直到指针不摆动为止）
		方法二： 直流法。 1）首先将万用表转到电阻 R×1 挡，测出三组电动机绕组（若两端为同一绕组，则阻值很小，接近 0 Ω），将测出的同一绕组绑在一起，以便区分。 2）取其中一相绕组，将指针式万用表转到 50 μA 挡，将两表笔接在此绕组两端；采用 DC 9 V 干电池或 DC 24 V 电源，用其正、负极分别触碰第二相绕组首、尾（将直流电源的一端接好，用另一端触碰）。 3）观察万用表指针摆动方向，若指针正向摆动，则直流电源负极与万用表红色表笔为同一端，直流电源正极与万用表黑色表笔为同一端。 4）用同样的方法测出第三相绕组首、尾端，即可判断出电动机首、尾端

（2）使用兆欧表测量电动机绕组之间、绕组与地之间的绝缘电阻。

对线路的绝缘电阻进行测量，将结果记录在表 1–4–2 中。

表 1–4–2　　绝缘电阻测量

检查项目	理论值	实测值	是否符合技术要求
绕组与绕组			
绕组与地			

（3）绝缘电阻应符合技术要求。查阅相关资料，在世界技能大赛电气装置项目的技术标准中，关于绝缘电阻有哪些技术要求？

答：在世界技能大赛电气装置项目的技术标准中，任意带电导体和任意接地导体之间的最小绝缘电阻不能小于 1 MΩ。

4．在世界技能大赛中，选手在完成比赛安装任务后，还必须完成以下工作，才能进行通电调试：

（1）所有强制性的测试都已经完成，达到测试要求，且测试结果正确方可提交测试报告。

（2）所有设备（如开关、插座、线槽等）的盖子都已安装，且完好无损。

（3）无暴露的或未完成接线的导线或电缆。

参照以上要求对线路进行检查，为通电试车做好准备。

二、通电试车

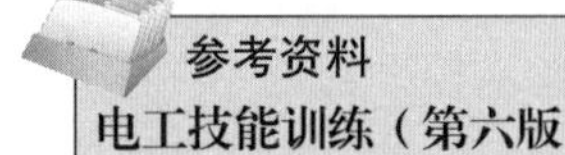

参考资料

电工技能训练（第六版）

第二单元课题六任务三　钳形电流表的使用

电力拖动控制线路与技能训练（第六版）

第三单元课题 1　CA6140 型车床电气控制线路

1．通电试车的要求

（1）为保证人身安全，在通电校验时，要认真执行安全操作规程的有关规定，一人监护，一人操作。校验前，应检查与通电有关的电气设备是否有不安全的因素存在，若查出应立即整改，然后才能试车。

（2）通电试车前，必须征得教师的同意，并先断开主电路的电源（FU1 三个熔断器不装熔体即可），在控制电路工作正常之后，再接通主电路电源。由教师接通三相电源 L1、L2、L3，同时在现场监护。合上电源开关 QF 后，检查熔断器 FU2 出线端是否有电压。按下 SB1，观察接触器是否正常工作，是否符合线路功能要求，电气元件的动作是否灵活，有无卡阻及噪声过大等现象。待控制电路正常后接通主电路电源，观察电动机运行情况是否正常等，但不能在主电路通电时对线路接线是否正确进行检查。观察过程中，若发现有异常现象，应立即停车，切断电源。

（3）以通电后第一次按下按钮时的结果计算试车成功率。

（4）如出现故障，应独立检修。若需带电检查，必须有教师在现场监护。检修完毕，如需要再次试车，也应有教师在现场监护，并做好时间记录。

（5）通电校验完毕，切断电源。

断电检查无误，经教师同意后通电试车，观察电动机的运行状态，测量相关参数。

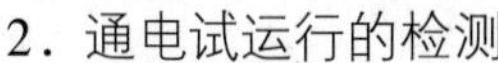

2．通电试运行的检测

（1）测量电动机的空载电流

空载时，用钳形电流表测量三相空载电流是否平衡，将测量结果记录下来。注意：在测量的同时要观察电动机是否有杂声、振动及其他较大噪声，如有应立即停车进行检修。

（2）测量电动机的转速

用转速表测量电动机的转速，并与电动机的额定转速进行比较，将结果记录在表 1–4–3 中。

表 1–4–3　　测量电动机的转速

测量项目	额定转速	实际转速	转差率
电动机转速			

3．如果电动机有故障应进行相应的处理。表 1–4–4 列举了电动机常见的一些故障现象及原因，查阅相关资料，写出对应的处理方法。

表 1–4–4　　常见故障现象、原因及处理方法

故障现象	故障原因	处理方法
电动机不能启动	绕组短路、断路	若是轻微的受潮短路，可以干燥绝缘处理；若短路严重，则需修理、更换绕组
	过电流整定值过小	将热继电器的电流整定值调大到合适的值
电动机振动过大或者低压断路器跳闸	电动机缺相运行	马上停机，用万用表检查三相电源是否有电
	电动机负载过重或者机械部分卡住	若负载过重，减轻负载即可；若转动轴承不能灵活转动，即为卡死，重新装配轴承即可
电动机通电不启动，但有“嗡嗡”声	绕组引出线始末端接错或绕组内部接反	判断首、尾端，重新接线
	轴承装配过紧	重新装配，调整轴承缝隙

续表

故障现象	故障原因	处理方法
电动机启动困难，加额定负载后转速比额定转速低很多	三角形误接成星形	按照三角形接法接线
绝缘电阻低	绕组绝缘沾满粉尘、油垢	拆开电动机外壳，清洁绕组
	绕组绝缘老化	干燥绕组绝缘，修理、更换绕组或者更换电动机
电动机空载运行时电流不平衡，相差很大	三相绕组匝数分配不均匀	修理绕组或更换电动机
	电源电压不平衡	马上停机，检查电源
	绕组接头有局部虚接或断线处	重新接线
电动机过热或冒烟	定子、转子铁芯相碰	拆开电动机外壳，重新装配，若负载过重，减轻负载即可；若拖动的机械设备阻力过大，重新装配轴承即可
	电动机过载或拖动的机械设备阻力过大	

4．若电路存在故障，应及时处理。电动机运行正常后，标注有关控制功能的铭牌标签，清理工作现场、整理工具、收集剩余材料、清理工程垃圾、拆除防护措施、交付验收人员检查。通电试车过程中，若出现异常现象，应立即停车进行检查与调试。小组间相互交流，将各自遇到的故障现象、故障原因和处理方法记录在表 1–4–5 中。

表 1–4–5　　故障现象、故障原因和处理方法记录

故障现象	故障原因	处理方法

三、项目验收

1．在验收阶段，各小组派出代表进行交叉验收，并详细填写验收记录（表 1–4–6）。

表 1–4–6　　验收过程问题记录表

验收问题记录	整改措施	完成时间	备注

2．以小组为单位认真填写 CA6140 型车床电气控制线路安装与调试任务验收报告（表 1–4–7），并将学习活动 1 中的工作任务单填写完整。

表 1-4-7　　CA6140 型车床电气控制线路安装与调试任务验收报告

工程项目名称				
工程概况				
建设单位			联系人	
地址			联系电话	
施工单位			联系人	
地址			联系电话	
项目负责人			施工周期	
现存问题			完成时间	
改进措施				
验收结果	主观评价	客观测试	施工质量	材料移交

四、评价

在世界技能大赛中，对所完成的任务主要从以下几个方面进行测试和评价。

1．操作过程中的个人安全，设备通电前要求外观完好无损坏，正确进行绝缘电阻、接地连续电阻测试并提交测试报告。

2．按照所描述的功能列表，根据实现的功能和调试过程进行评分。

3．线路设计依据线路所实现的功能、电线电缆的选型、元器件的选型、参数设置，以及安全性和经济性等方面进行评分（选手设计的电路图不做评分）。

4．对于尺寸和水平 / 垂直的评分应通过比较图纸和实际安装结果来进行，参见表 1-4-8。应注意：

（1）所有尺寸都必须依照特定的参考线（中心线）进行测量。

（2）电缆和管的尺寸以电缆和管的中心为基准进行测量。

（3）线槽和设备的尺寸以图纸上显示的线槽和设备的中心或者边缘为基准进行测量。

表 1–4–8　　允许误差标准

项目	公差要求
水平 / 垂直	水平尺上的气泡在水平刻度线之间
尺寸	± 2 mm

参照以上内容，根据小组展示的安装成果，按表 1–4–9 所列评分标准进行评分。

表 1–4–9　　评分标准

<table>
<tr><th colspan="2" rowspan="2">评价内容</th><th rowspan="2">分值</th><th colspan="3">评分</th></tr>
<tr><th>自我评价</th><th>小组评价</th><th>教师评价</th></tr>
<tr><td rowspan="2">故障分析</td><td>故障分析思路清晰</td><td rowspan="2">20</td><td rowspan="2"></td><td rowspan="2"></td><td rowspan="2"></td></tr>
<tr><td>准确标出最小故障范围</td></tr>
<tr><td rowspan="3">故障排除</td><td>用正确的方法排除故障点</td><td rowspan="3">50</td><td rowspan="3"></td><td rowspan="3"></td><td rowspan="3"></td></tr>
<tr><td>检修中不扩大故障范围或产生新的故障，一旦发生，能及时进行修复</td></tr>
<tr><td>工具、设备无损坏</td></tr>
<tr><td rowspan="2">通电试车</td><td>设备能正常运转，无故障</td><td rowspan="2">20</td><td rowspan="2"></td><td rowspan="2"></td><td rowspan="2"></td></tr>
<tr><td>出现故障后，能及时、独立发现并解决问题</td></tr>
<tr><td rowspan="2">安全文明生产</td><td>遵守安全文明生产规程</td><td rowspan="2">10</td><td rowspan="2"></td><td rowspan="2"></td><td rowspan="2"></td></tr>
<tr><td>施工完成后认真清理现场</td></tr>
<tr><td colspan="6">施工规定用时：　　　　实际用时：
超时扣分：</td></tr>
<tr><td colspan="3">合计</td><td></td><td></td><td></td></tr>
</table>

学习活动 5　总结与评价

学习目标

1. 能以小组形式对学习过程和实训成果进行汇报总结。
2. 完成对学习过程的综合评价。

建议学时：4 学时

学习过程

一、回顾项目

各小组回顾每个学习活动的进展过程、现存问题、改进措施和验收交付等情况，提炼各个活动环节的关键技术，填入表 1–5–1 中。

表 1–5–1　　回顾项目

活动环节	关键技术
学习活动 1： 明确任务和勘察现场	
学习活动 2： 施工前的准备	
学习活动 3： 现场施工	
学习活动 4： 检修与调试	

二、工作总结

以小组为单位，选择演示文稿、展板和视频等形式中的一种或几种，向全班展示、汇报学习成果。

三、综合评价

参考世界技能大赛的评价标准和理念，针对本任务的学习情况，根据表 1–5–2 所列综合评价标准进行评分。

表 1–5–2　综合评价

评价项目	评价内容及标准	配分	评分		
			自我评价	小组评价	教师评价
工作组织和管理	团队合作、合理计划、高效管理时间	3			
	定期检查工作进展和成果	3			
	保证高质量、高标准地完成工作	4			
沟通能力	与客户交流，完全理解其要求	5			
	提供明确说明，为客户提供书面报告	5			
计划创新能力	定期检查工作，最小化问题	5			
	提出创新性、可行性建议，提高客户满意度	5			
设计安装能力	根据要求设计图纸，正确选用元器件	20			
	按照相关技术标准完成电路的装接	30			
维修能力	能使用、测试、校准测量设备	5			
	能修复检查、验收中发现的问题	15			
学生姓名		综合评价得分			
指导教师		日期			

世赛知识

历届世界技能大赛举办情况

1955—1971 年，世界技能大赛每年举办一届，自 1971 年起，基本稳定为每两年举办一届。大赛以在欧洲举办为主，在亚洲举办过 7 届，在北美洲举办过 3 届，在南美洲举办过 1 届，在大洋洲举办过 1 届。从欧洲到亚洲、美洲、大洋洲，世界技能大赛足迹的延伸充分说明了其创意的成功之处。世界技能大赛以技能的比拼、展示、传播为核心，以鼓励青年技术工人成长为己任，其自诞生之日起，就与社会生产具有紧密的联系，满足了社会发展的需求，顺应了历史的潮流。

历届世界技能大赛举办地及参赛情况

届次	举办年份	举办地点	参赛选手	参赛国家和地区	届次	举办年份	举办地点	参赛选手	参赛国家和地区
1	1950	西班牙马德里	24 名	2 个	24	1978	韩国釜山	245 名	14 个
2	1951	西班牙马德里	18 名	2 个	25	1979	爱尔兰科克	278 名	14 个
3	1953	西班牙马德里	65 名	7 个	26	1981	美国亚特兰大	274 名	14 个
4	1955	西班牙马德里	83 名	7 个	27	1983	奥地利林茨	314 名	18 个
5	1956	西班牙马德里	88 名	8 个	28	1985	日本大阪	307 名	18 个
6	1957	西班牙马德里	128 名	8 个	29	1988	澳大利亚悉尼	351 名	20 个
7	1958	比利时布鲁塞尔	144 名	10 个	30	1989	英国伯明翰	349 名	21 个
8	1959	意大利摩德纳	150 名	9 个	31	1991	荷兰阿姆斯特丹	432 名	25 个
9	1960	西班牙巴塞罗那	173 名	7 个	32	1993	中国台北	435 名	25 个
10	1961	德国杜伊斯堡	192 名	11 个	33	1995	法国里昂	506 名	28 个
11	1962	西班牙希洪	156 名	10 个	34	1997	瑞士圣加仑	533 名	30 个
12	1963	爱尔兰都柏林	224 名	13 个	35	1999	加拿大蒙特利尔	567 名	33 个
13	1964	葡萄牙里斯本	197 名	12 个	36	2001	韩国汉城	576 名	35 个
14	1965	英国格拉斯哥	204 名	11 个	37	2003	瑞士圣加仑	618 名	36 个
15	1966	荷兰乌特勒支	220 名	11 个	38	2005	芬兰赫尔辛基	666 名	38 个
16	1967	西班牙马德里	233 名	11 个	39	2007	日本静冈	812 名	46 个
17	1968	瑞士伯尔尼	249 名	14 个	40	2009	加拿大卡尔加里	847 名	45 个
18	1969	比利时布鲁塞尔	260 名	15 个	41	2011	英国伦敦	931 名	51 个
19	1970	日本东京	274 名	15 个	42	2013	德国莱比锡	999 名	53 个
20	1971	西班牙希洪	283 名	15 个	43	2015	巴西圣保罗	1 186 名	62 个
21	1973	德国慕尼黑	281 名	15 个	44	2017	阿联酋阿布扎比	1 260 余名	68 个
22	1975	西班牙马德里	293 名	17 个	45	2019	俄罗斯喀山	1 355 名	63 个
23	1977	荷兰乌特勒支	291 名	17 个					

学习任务二 电动卷闸门电气控制线路安装与调试

学习目标

1. 能根据工作任务情境填写工作任务单，明确工作任务，与相关人员进行沟通，明确工时和工作内容等要求。

2. 能识读相关施工图纸，通过勘察施工现场准确描述现场特征，并取得必要的资料和数据。

3. 能正确识读电气原理图，叙述电动卷闸门电气控制线路的控制过程及工作原理。

4. 能正确识别并选用常用的低压电器。

5. 能根据任务要求和施工图纸列出所需工具和材料清单，准备工具，领取材料。

6. 能根据勘察现场的结果和任务要求，合理制订工作计划。

7. 能按照作业规程设置必要的标识和隔离措施，准备现场工作环境。

8. 能正确识读、绘制位置图和接线图，按图纸、工艺及安装规程要求，参照世界技能大赛电气安装技术标准完成线路安装施工任务，在安装过程中具有环保意识和成本意识。

9. 施工后，能按相关的技术要求（如世界技能大赛电气安装技术标准中对绝缘电阻、接地电阻测试等的技术要求）使用仪表进行自检，排查故障，完成运行测试工作。

10. 通电试车合格后，能正确标注有关控制功能的铭牌标签。

11. 施工后，能按管理规定清理工作现场、整理工具、收集剩余材料、清理工程垃圾及拆除防护措施。

12. 能完成工作总结与评价，规范填写项目验收报告并交付验收。

13. 能在工作过程中严格执行企业的作业规范、安全生产制度、环保管理制度及“6S”管理制度。

14. 能严格遵守从业人员的职业道德，具有吃苦耐劳、爱岗敬业的工作态度和职业责任感。

建议学时

60 学时

工作情境描述

某电动卷闸门生产企业接到一批生产订单，设计部门已经设计好电气控制线路图纸，下发给电气部门进行生产。电气部门班组长安排人员在任务规定时间内，根据施工现场的实际情况完善相关技术图纸，完成电气控制线路的安装。安装过程应符合相关的工艺要求和安装规程要求，安装完成后应进行运行测试，保证设备工作正常。

工作流程与活动

1．明确任务和勘察现场（12 学时）
2．施工前的准备（12 学时）
3．现场施工（24 学时）
4．检修与调试（8 学时）
5．总结与评价（4 学时）

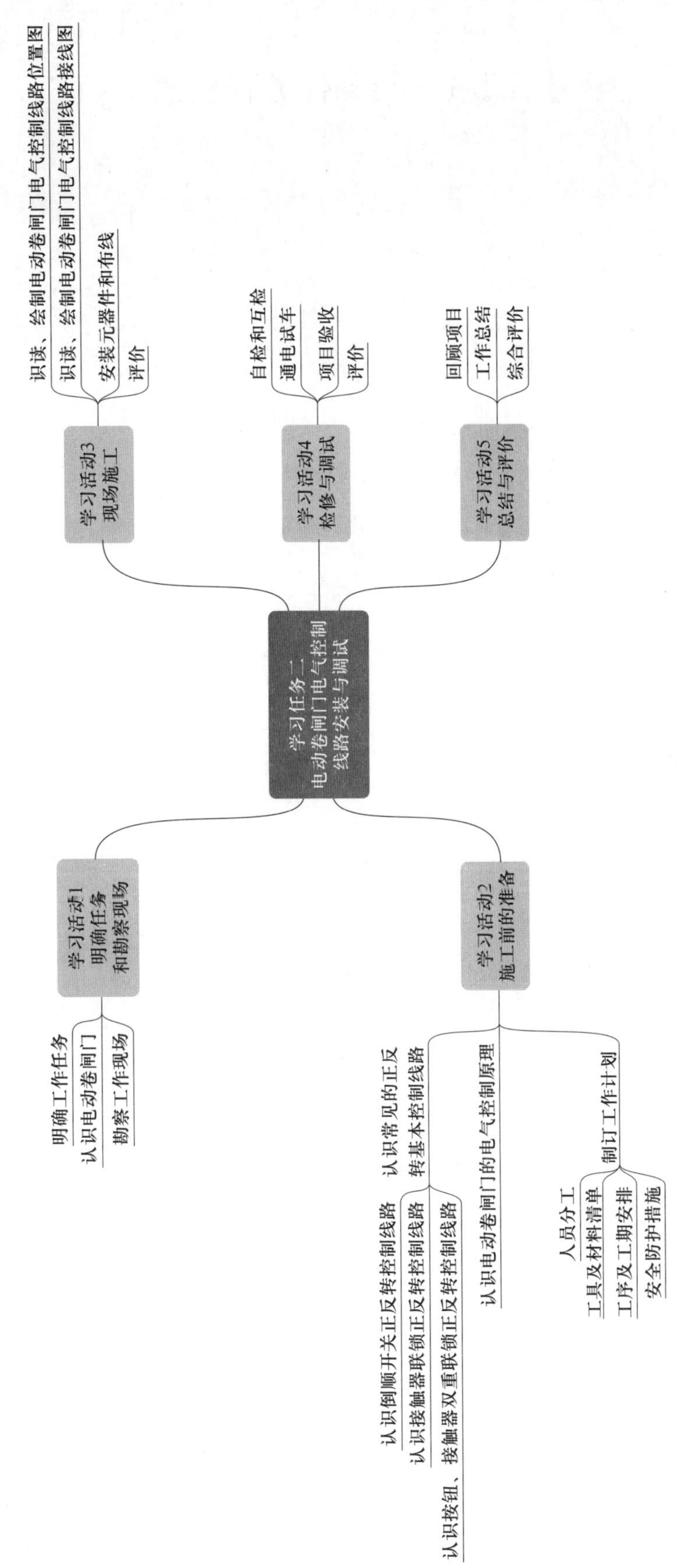

学习任务二
电动卷闸门电气控制线路安装与调试
学习活动1
明确任务和勘察现场
明确工作任务
认识电动卷闸门
勘察工作现场
学习活动2
施工前的准备
认识常见的正反转基本控制线路
认识倒顺开关正反转控制线路
认识接触器联锁正反转控制线路
认识按钮、接触器双重联锁正反转控制线路
认识电动卷闸门的电气控制原理
制订工作计划
人员分工
工具及材料清单
工序及工期安排
安全防护措施
学习活动3
现场施工
识读、绘制电动卷闸门电气控制线路位置图
识读、绘制电动卷闸门电气控制线路接线图
安装元器件和布线
评价
学习活动4
检修与调试
自检和互检
通电试车
项目验收
评价
学习活动5
总结与评价
回顾项目
工作总结
综合评价

学习活动 1　明确任务和勘察现场

学习目标

1. 能根据工作任务情境填写工作任务单，明确工作任务，与相关人员进行沟通，明确工时和工作内容等要求。

2. 能叙述电动卷闸门的类型和功能。

3. 能通过勘察施工现场准确描述现场特征，并取得必要的资料和数据。

建议学时：12 学时

学习过程

一、明确工作任务

认真阅读工作任务单（表 2–1–1），结合学习任务的实际情况，说出本次任务的工作内容、时间要求及交接工作相关负责人等信息，并根据实际情况将下表补充完整。

表 2–1–1　　工作任务单　　编号：

<table>
<tr><td>安装地点</td><td colspan="5">电气车间</td></tr>
<tr><td>安装项目</td><td colspan="3">电动卷闸门电气控制线路的安装</td><td>保修周期</td><td>出厂后一年</td></tr>
<tr><td rowspan="2">安装单位或部门</td><td rowspan="2"></td><td>责任人</td><td></td><td rowspan="2">承接时间</td><td rowspan="2">年　月　日</td></tr>
<tr><td>联系电话</td><td></td></tr>
<tr><td>安装人员</td><td colspan="3"></td><td>完工时间</td><td>年　月　日</td></tr>
<tr><td>验收意见</td><td colspan="3"></td><td>验收人</td><td></td></tr>
<tr><td>处室负责人签字</td><td colspan="2"></td><td colspan="2">项目负责人签字</td><td></td></tr>
</table>

二、认识电动卷闸门

卷闸门是将多关节活动的门片串联在一起，在固定的滑道内，以门上方卷轴为中心上、下转动的门，如图 2–1–1 所示。卷闸门广泛应用于商场或店铺的安防，以防火、防盗和隔离为主要用途。

图 2–1–1

1．查阅相关资料，列举卷闸门的常见种类。

答：电动卷闸门根据门片材质可分为无机布型、网状型和铝合金型卷闸门，以及水晶卷闸门和不锈钢卷闸门等；根据专用电动机种类可分为外挂卷门机、管状卷门机、无机双帘卷门机和快速卷门机卷闸门等；此外，还有带蓄电池的电动卷闸门。

2．图 2–1–2 所示是一种带蓄电池的电动卷闸门，它一般在哪些场所使用？

图 2–1–2

答：带蓄电池的电动卷闸门一般用于只有一个门的车库、门店或者经常停电的区域。

3．根据电动卷闸门的相关知识及工作情境描述的要求，明确以下信息。

（1）该工作任务完成后，设备应该能够实现哪些功能？

答：按下上升或下降按钮，电动卷闸门能实现上升、下降和自动停止功能。

（2）本次任务的控制电路应该具有哪些保护措施？

答：控制电路应该具有自锁保护、联锁保护、欠压保护、失压保护、过载保护和限位保护措施。

三、勘察工作现场

勘察电动卷闸门电气控制线路安装现场的基本情况（包括安装位置、尺寸、线路与电动机的连接情况等），做好记录。

答：引导学生根据现场勘察的基本情况记录相应数据。

学习活动 2　施工前的准备

学习目标

1. 能正确识读电气原理图，明确电动卷闸门电气控制线路的控制过程及工作原理。

2. 能正确识别并选用常用的低压电器。

3. 能根据勘察现场的结果和任务要求，合理制订工作计划。

4. 能正确使用电工常用工具，并根据任务要求和施工图纸，列出所需工具和材料清单。

5. 能按照作业规程设置必要的安全防护措施。

建议学时：12 学时

学习过程

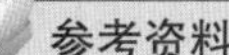

参考资料

电力拖动控制线路与技能训练（第六版）

第一单元课题 3　低压开关

第一单元课题 4　安全电器

第一单元课题 5　接触器

第二单元课题 5　三相笼型异步电动机的正反转控制线路

一、认识常见的正反转基本控制线路

1．认识倒顺开关正反转控制线路

倒顺开关是用于控制电动机正反转的一种手动控制装置，其外观如图 2–2–1 所示。倒顺开关正反转控制线路如图 2–2–2 所示。电动卷闸门的电动机正反转控制可以通过倒顺开关来实现。

图 2–2–1

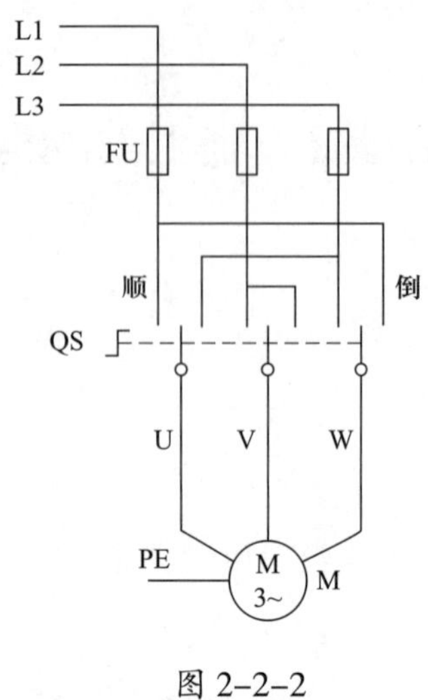

图 2–2–2

（1）当电动机处于正转时，若将倒顺开关的手柄由“顺”的位置直接扳至“倒”的位置，可能会出现什么问题?

答：倒顺开关的操作顺序要正确，在其正、反转的相互切换中要有一个暂停的过程。若直接把倒顺开关的手柄由“顺”扳至“倒”的位置，电动机的定子绕组会因电源的突然反接而产生很大的反接电流，从而导致电动机受到很大的机械冲击以及定子绕组因过热而损坏，还会损坏倒顺开关或缩短倒顺开关的使用寿命。

（2）根据电路图，写出电动机正、反转的控制过程。

答：操作倒顺开关 QS，当其手柄处于“停”的位置时，QS 的动、静触头都不接触，电路不通，电动机不转；当将其手柄扳至“顺”的位置时，QS 的动触头和左边的静触头接触，电路按 L1—U、L2—V、L3—W 接通，输入电动机定子绕组的电源电压相序为 L1—L2—L3，电动机正转；当将其手柄扳至“倒”的位置时，QS 的动触头和右边的静触头接触，电路按 L1—W、L2—V、L3—U 接通，输入电动机定子绕组的电源电压相序变为 L3—L2—L1，电动机反转。

2．认识接触器联锁正反转控制线路

倒顺开关正反转控制线路虽然使用的电气元件较少，线路比较简单，但它是一种手动控制线路，在频繁换向时，操作人员劳动强度大，操作安全性差，所以这种线路一般用于控制额定电流为 10 A、功率为 3 kW 及以下的小容量电动机。在实际生产中，更常用按钮、接触器来控制电动机的正、反转，其电路如图 2–2–3 所示。

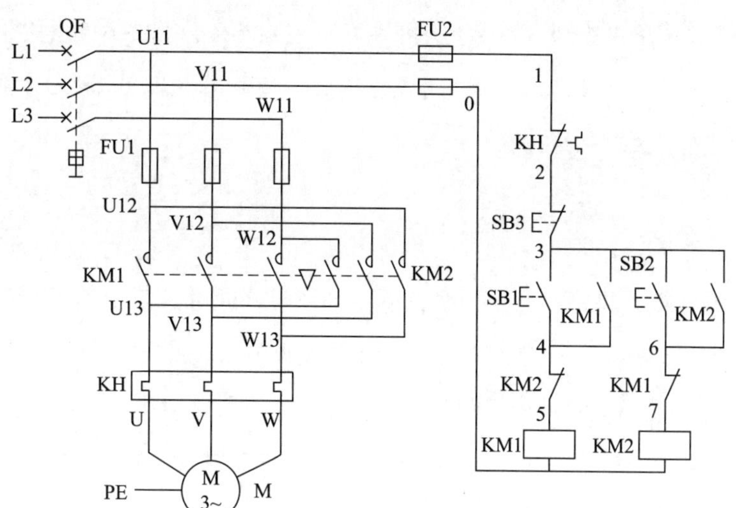

图 2-2-3

（1）在图 2-2-3 中，SB1、SB2、SB3 分别是什么低压电器？有何作用？

答：SB1 是正转启动按钮，按下 SB1，电动机启动正转。

SB2 是反转启动按钮，按下 SB2，电动机启动反转。

SB3 是停止按钮，按下 SB3，电动机停止运转。

（2）接触器 KM1 和 KM2 的主触头为什么不允许同时闭合？若同时闭合会出现什么情况？

答：接触器 KM1 和 KM2 的主触头不允许同时闭合，否则将造成两相电源（L1 相和 L3 相）短路事故。

（3）为了避免两个接触器 KM1 和 KM2 同时得电动作，在电路中采取了什么措施？

答：为了避免两个接触器 KM1 和 KM2 同时得电动作，在正反转控制电路中分别串接了对方接触器的一对辅助常闭触头。

（4）若电动卷闸门由此电路来控制，门由上升变下降时，为什么必须按下停止按钮？

答：若电动卷闸门由此电路来控制，门由上升变下降时，必须先按下停止按钮才能按下下降按钮，否则由于接触器的联锁作用，不能实现反转功能。

（5）接触器联锁（或互锁）是指当一个接触器得电动作时，通过其辅助常闭触头使另一个接触器不得电。实现联锁作用的辅助常闭触头称为<u>联锁触头（或互锁触头）</u>，联锁用符号<u>　▽　</u>表示。

3．认识按钮、接触器双重联锁正反转控制线路

如果把正转按钮 SB1 和反转按钮 SB2 换成两个复合按钮，并把两个复合按钮的常闭触头也串接在对方的控制电路中，构成如图 2–2–4 所示的按钮、接触器双重联锁正反转控制线路，就能克服接触器联锁正反转控制线路操作不便的缺点，使线路操作方便，工作安全可靠。

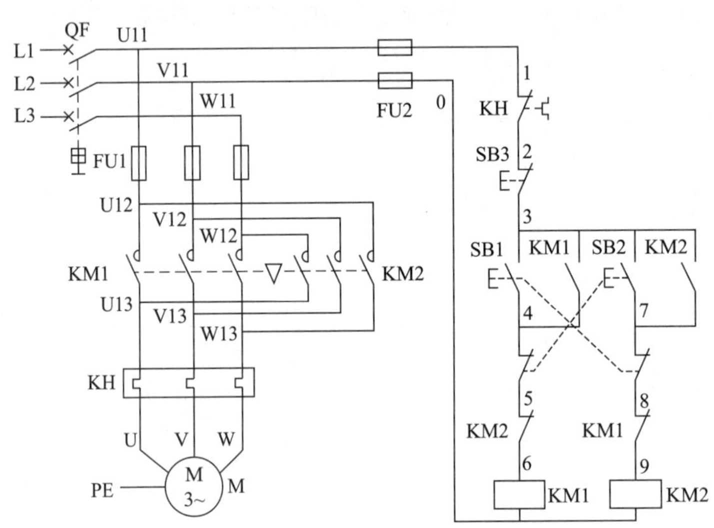

图 2–2–4

（1）根据所学电动机的知识，查阅相关资料，说明改变单相交流异步电动机的旋转方向的操作方法。

答：单相交流异步电动机有两组线圈，一组是运行线圈，另一组是启动线圈，交换这两组线圈中任何一组的两个线端，即可使电动机反向旋转。

（2）简要写出复合按钮的控制原理。

答：复合按钮是将常开与常闭触头组合为一体的按钮，在未按下复合按钮时，其常闭触头是闭合的，常开触头是断开的。

当按下复合按钮时，其常闭触头先断开，常开触头后闭合；在松开复合按钮后，按钮开关在复位弹簧的作用下将常开触头断开，继而将常闭触头闭合。复合按钮常用于联锁控制电路中。

（3）该电路主电路中的低压电器有哪些？

答：该电路主电路中的低压电器有低压断路器 QF、熔断器 FU1、交流接触器 KM1 和 KM2、热继电器 KH 和三相异步电动机。

（4）该电路控制电路中的低压电器有哪些？

答：该电路控制电路中的低压电器有熔断器 FU2、热继电器 KH、停止按钮 SB3、正转启动按钮 SB1、反转启动按钮 SB2、交流接触器 KM1（包含线圈、常开触头和常闭触头）和交流接触器 KM2（包含线圈、常开触头和常闭触头）。

（5）该电路中具有哪些保护？分别由什么低压电器实现？

答：该电路中具有短路保护、过载保护、失压保护、欠压保护和联锁保护。

熔断器 FU1 和 FU2 实现短路保护。

热继电器 KH 实现过载保护。

交流接触器 KM1 和 KM2 实现失压保护和欠压保护。

交流接触器 KM1 和 KM2 的常闭触头实现联锁保护。

（6）分析电路图，写出正转、反转和停止的控制过程。

1）正转控制：

答：电动机正转启动。

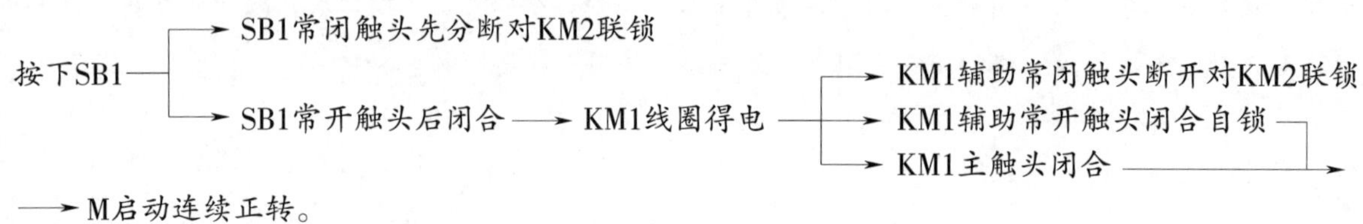

2）反转控制：

答：电动机反转启动。

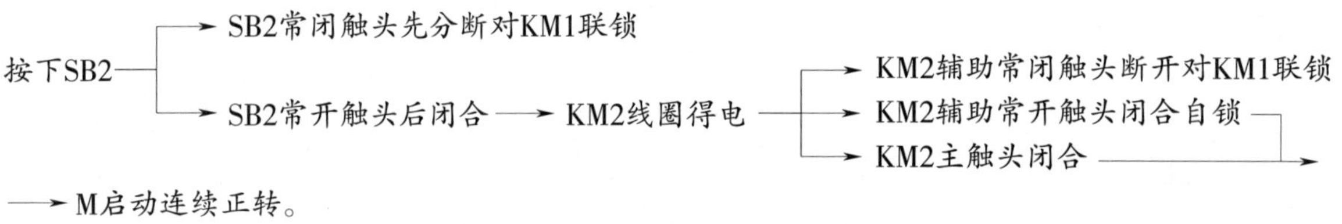

3）停止控制：

答：若要停止，按下 SB3，整个控制电路失电，主触头分断，M 失电停转。

二、认识电动卷闸门的电气控制原理

1．电动卷闸门电气控制线路原理图如图 2-2-5 所示。结合前面对几种常见正反转基本控制线路的学习，分析其工作原理，回答问题。

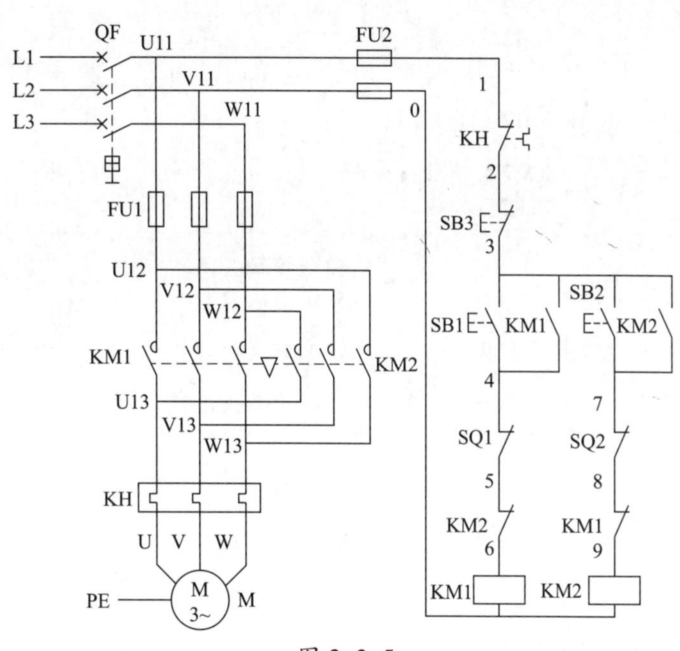

图 2-2-5

（1）电路图中的电气元件 SQ1 和 SQ2 是行程开关，主要用于位置控制。什么是位置控制？行程开关是如何实现位置控制的？

答：位置控制是指利用生产机械运动部件上的挡铁与行程开关碰撞，使行程开关的相关触头动作接通或断开电路，而自动控制生产机械运动部件的位置或行程。因此，位置控制又称行程控制或限位控制。

机械设备运行到一定的位置时，挡铁碰撞行程开关（相当于按了一下按钮），由于行程开关串接在控制电路中，开关常闭触头分断会切断控制电源，使设备停止运转。

（2）简要写出线路的控制过程。

答：先合上低压断路器 QF。

1）卷闸门向上运行

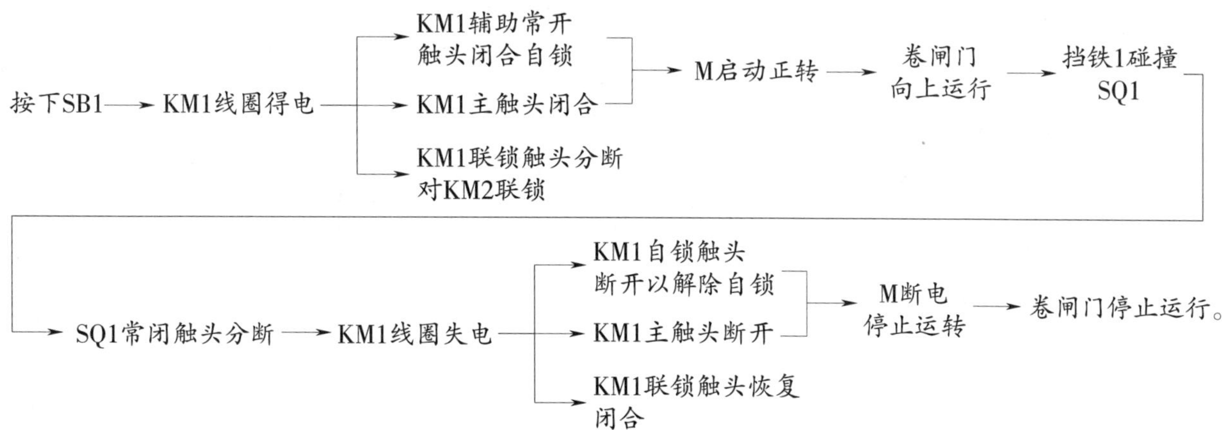

此时，如果再按下 SB1，由于 SQ1 的常闭触头已经分断，KM1 线圈不会得电，从而实现了限位控制的功能。

2）卷闸门向下运行

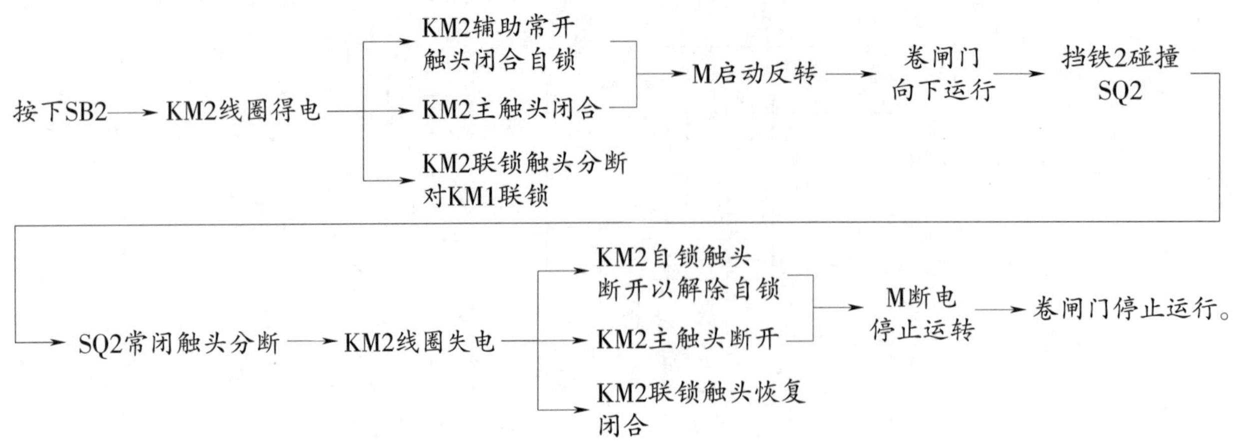

3）停止运行

按下SB3 → KM1、KM2 线圈失电 → KM1、KM2 自锁触头断开以解除自锁
→ KM1、KM2 主触头断开 → M 断电停止运转 → 卷闸门停止运行。

2．在实际应用中，电动卷闸门常使用遥控钥匙（图 2–2–6）进行控制，查阅相关资料，写出电动卷闸门遥控钥匙的配对过程。

答：首先备好卷闸门的控制器和要配对的遥控钥匙，接着扳动控制器侧面的卡扣，将控制器的盖子打开，启动控制器内部的对码开关。此时，不断按动卷闸门遥控钥匙上的向上卷动按键，当对码灯闪动时，再按下遥控钥匙上的向下卷动按键，这样便完成了电动卷闸门遥控钥匙的配对过程。

图 2–2–6

三、制订工作计划

电动卷闸门电气控制线路安装与调试工作计划

一、人员分工

1．小组负责人

2．小组成员及分工

姓名	分工

二、工具及材料清单

序号	工具或材料	单位	数量	备注
1	电动机	台	1	
2	低压断路器	个	1	
3	熔断器	个	5	不同规格
4	交流接触器	个	2	
5	热继电器	个	1	
6	行程开关	个	1	线圈电压 380 V
7	组合按钮	个	1	
8	万用表	个	1	
9	兆欧表	个	1	
10	钳形电流表	个	1	
11	转速表	个	1	
12	常用电工工具	套	1	
13	导线	/	若干	不同型号
14	标签	/	若干	
15	防护用具	套	1	

三、工序及工期安排

序号	工作内容	完成时间	备注
	根据具体情况填写		

四、安全防护措施

1. 作业前必须按规定穿戴好劳保用品。
2. 电气设备、线路等在未经检查和确认无电前，应一律视为有电。
3. 一切电气、机械设备的金属外壳及行车轨道等，必须有可靠的接地或重复接电安全设施。
4. 警示牌必须挂在明处。
5. 不能使用受潮或损坏的绝缘用具。
6. 掌握灭火、触电急救和人工呼吸的方法。

学习活动3 现场施工

1. 能正确识读、绘制位置图和接线图。

2. 能正确使用电工常用工具。

3. 能按图纸、工艺及安装规程要求，参照世界技能大赛电气安装技术标准完成线路安装施工任务，在安装过程中具有环保意识和成本意识。

4. 能在工作过程中严格执行企业的作业规范、安全生产制度、环保管理制度及“6S”管理制度，严格遵守从业人员的职业道德，具有吃苦耐劳、爱岗敬业的工作态度和职业责任感。

建议学时：24学时

学习过程

一、识读、绘制电动卷闸门电气控制线路位置图

复习上一任务所学内容，结合实训用电动卷闸门的实际情况，识读相关技术资料、图纸，绘制其电气控制线路的位置图，明确相关电气元件的位置，为后续施工做好准备。

答：根据实际情况识读、测量。

二、识读、绘制电动卷闸门电气控制线路接线图

结合实训用电动卷闸门的实际情况，识读相关技术资料和图纸，绘制接线图，明确元器件实物的连接关系，并结合实训设备，通过测量等方法确定实际的走线路径。

答：根据实际情况识读、测量。

三、安装元器件和布线

1．在本任务的实施过程中可能涉及金属软管布线和塑料线槽布线两种工艺，回顾学习任务一所学内容，并查阅相关资料，熟悉操作步骤，回答下面的问题。

（1）金属软管布线有什么特点?

答：金属软管具有优良的耐温性、耐蚀性，以及较强的柔韧性和伸缩性。它的弯曲和抗振能力强，编织网套的加强保护又使之具有较高的承压能力。金属软管两端可制成螺纹和法兰等连接方式，以便使用。

（2）金属软管布线时应注意哪些问题?

答：金属软管布线时应注意以下问题。

1）金属软管的弯曲半径不应小于软管外径的 6 倍。

2）固定点间距不应大于 1 m，管卡与终端和弯头中点的距离宜为 0.3 m。

3）与嵌入式灯具及类似器具连接的金属软管，其末端的固定管卡宜安装在自器件边缘起沿软管路径 1 m 处。

（3）塑料走线槽布线时应注意哪些问题?

答：塑料走线槽布线具有整洁和安全等特点。塑料走线槽布线应在干燥的绝缘板上进行，走线槽须紧贴在控制板表面，做到横平竖直。槽板对接时，其底板和盖板均应锯出 45° 斜口，安装时，底板接缝与盖板接缝应错开。拐角连接时，应把拐角处槽内侧削成圆弧形，以避免在布线时碰伤导线。槽板中间固定点的间距应小于 0.5 m，其起点和终点应在距槽板两端 0.3 m 处固定。同一槽板内只能敷设同一回路的导线，槽板内不能有导线接头，导线接头应在接线盒内。所有接线端子和导线端头上都应套有与电路图上线号一致的编码套管，并按线号进行连接。连接必须牢靠，不得松动。

2．主电路的安装

查阅相关资料，了解主电路元器件安装的工艺要求，按要求进行施工。主电路安装布线过程中遇到了哪些问题？你是如何解决的？在表 2–3–1 中记录下来。

表 2–3–1　　所遇问题和解决方法

所遇问题	解决方法

3．电动卷闸门上升和下降控制电路的安装

查阅相关资料，了解控制电路元器件安装的工艺要求，按要求进行施工。在电动卷闸门上升和下降控制线路的安装布线过程中遇到了哪些问题？你是如何解决的？在表 2–3–2 中记录下来。

表 2–3–2　　所遇问题和解决方法

所遇问题	解决方法

四、评价

根据表 2–3–3 所列要求对本活动的完成情况进行评价。

表 2–3–3　　评价表

项目要求	配分	评分细则	自我评价	小组评价	教师评价
时间要求	10	在规定时间内完成任务得 10 分；每超过 5 分钟扣 2 分			
现场准备，清点元器件和工具	5	元器件和工具清点完整得 5 分；缺一个扣 0.5 分			
安装、连接电路	30	电路连接正确、符合要求得 30 分；一处不符合扣 5 分			
电路安装步骤与方法	30	安装步骤与方法正确、符合工艺要求得 30 分；一处不符合扣 5 分			
线路布局	25	布局美观、符合控制要求得 25 分；一项不符合扣 5 分			
合计					

学习活动 4 检修与调试

1. 能按照施工任务要求进行直观检查。

2. 能按相关的技术要求（如世界技能大赛电气安装技术标准中对绝缘电阻、接地电阻测试等的技术要求）使用仪表进行自检和互检，排查故障。

3. 通电试车合格后，能正确标注有关控制功能的铭牌标签。

4. 施工后，能按管理规定清理工作现场、整理工具、收集剩余材料、清理工程垃圾及拆除防护措施。

5. 能规范填写项目验收报告并交付验收。

建议学时：8 学时

学习过程

一、自检和互检

在断电的情况下进行自检和互检并完成以下内容。

1．根据电路图检查电路的接线是否正确、接地通道是否正确。用万用表进行检查，自行设计表格，记录检查的项目、过程、测试结果、所遇到的问题和处理方法。

2．检查热继电器的整定值和熔断器中熔体的规格是否符合要求。

答：热继电器的整定值和熔断器中熔体的规格要根据电动机的功率和控制电路的电流来进行选择。

3．检查电动机及线路的绝缘电阻

（1）根据电动卷闸门电动机的铭牌参数将主要参数摘录下来。

（2）用兆欧表测量电动机绕组之间、绕组与地之间的绝缘电阻，测量应符合技术要求。理论值是多少？实测值是多少？记录在表 2–4–1 中。

表 2–4–1　绝缘电阻测量

检查项目	理论值	实测值	是否符合技术要求
绕组与绕组			
绕组与地			

二、通电试车

1．断电检查无误，经教师同意后通电试车，观察电动机的运行状态，测量相关参数。

（1）测量电动机的空载电流

空载时，用钳形电流表测量三相空载电流是否平衡，将测量结果记录下来，注意测量的同时要观察电动机是否有杂声、振动及其他较大噪声，如有应立即停车进行检修。

（2）测量电动机的转速

用转速表测量电动机的转速，并与电动机的额定转速进行比较，将结果记录在表 2–4–2 中。

表 2–4–2　　　　测量电动机的转速

测量项目	额定转速	实际转速	转差率
电动机转速			

2．若电路存在故障，须及时处理。电动机运行正常后，标注有关控制功能的铭牌标签，清理工作现场、整理工具、收集剩余材料、清理工程垃圾、拆除防护措施、交付验收人员检查。通电试车过程中，若出现异常现象，应立即停车进行检查与调试。小组间相互交流，将各自遇到的故障现象、故障原因和处理方法记录在表 2–4–3 中。

表 2–4–3　　　　故障现象、故障原因和处理方法记录

故障现象	故障原因	处理方法

三、项目验收

1．在验收阶段，各小组派出代表进行交叉验收，并详细填写验收记录（表 2–4–4）。

表 2–4–4　　　　验收过程问题记录表

验收问题记录	整改措施	完成时间	备注

续表

验收问题记录	整改措施	完成时间	备注

2．以小组为单位认真填写电动卷闸门电气控制线路安装与调试任务验收报告（表 2-4-5），并将学习活动 1 中的工作任务单填写完整。

表 2-4-5　　电动卷闸门电气控制线路安装与调试任务验收报告

工程项目名称			
工程概况			
建设单位		联系人	
地址		联系电话	
施工单位		联系人	
地址		联系电话	
项目负责人		施工周期	

续表

<table>
<tr><td>现存问题</td><td colspan="2"></td><td>完成时间</td><td></td></tr>
<tr><td>改进措施</td><td colspan="4"></td></tr>
<tr><td rowspan="2">验收结果</td><td>主观评价</td><td>客观测试</td><td>施工质量</td><td>材料移交</td></tr>
<tr><td></td><td></td><td></td><td></td></tr>
</table>

四、评价

参照世界技能大赛的相关评价标准和要求，根据小组展示的安装成果，按表 2-4-6 所列评分标准进行评分。

表 2-4-6 评分标准

<table>
<tr><th colspan="2" rowspan="2">评价内容</th><th rowspan="2">分值</th><th colspan="3">评分</th></tr>
<tr><th>自我评价</th><th>小组评价</th><th>教师评价</th></tr>
<tr><td rowspan="2">故障分析</td><td>故障分析思路清晰</td><td rowspan="2">20</td><td rowspan="2"></td><td rowspan="2"></td><td rowspan="2"></td></tr>
<tr><td>准确标出最小故障范围</td></tr>
<tr><td rowspan="3">故障排除</td><td>用正确的方法排除故障点</td><td rowspan="3">50</td><td rowspan="3"></td><td rowspan="3"></td><td rowspan="3"></td></tr>
<tr><td>检修中不扩大故障范围或产生新的故障，一旦发生，能及时进行修复</td></tr>
<tr><td>工具、设备无损坏</td></tr>
<tr><td rowspan="2">通电试车</td><td>设备能正常运转，无故障</td><td rowspan="2">20</td><td rowspan="2"></td><td rowspan="2"></td><td rowspan="2"></td></tr>
<tr><td>出现故障后，能及时、独立发现并解决问题</td></tr>
<tr><td rowspan="2">安全文明生产</td><td>遵守安全文明生产规程</td><td rowspan="2">10</td><td rowspan="2"></td><td rowspan="2"></td><td rowspan="2"></td></tr>
<tr><td>施工完成后认真清理现场</td></tr>
<tr><td colspan="6">施工规定用时：　　　　实际用时：
超时扣分：</td></tr>
<tr><td colspan="3">合计</td><td></td><td></td><td></td></tr>
</table>

学习活动 5　总结与评价

1. 能以小组形式对学习过程和实训成果进行汇报总结。
2. 完成对学习过程的综合评价。

建议学时：4 学时

学习过程

一、回顾项目

各小组回顾每个学习活动的进展过程、现存问题、改进措施和验收交付等情况，提炼各个活动环节的关键技术，填入表 2-5-1 中。

表 2-5-1　回顾项目

活动环节	关键技术
学习活动 1：明确任务和勘察现场	
学习活动 2：施工前的准备	
学习活动 3：现场施工	
学习活动 4：检修与调试	

二、工作总结

以小组为单位，选择演示文稿、展板和视频等形式中的一种或几种，向全班展示、汇报学习成果。

三、综合评价

参考世界技能大赛的评价标准和理念，针对本任务的学习情况，根据表 2–5–2 所列综合评价标准进行评分。

表 2–5–2 综合评价

<table>
<tr><th rowspan="2">评价项目</th><th rowspan="2">评价内容及标准</th><th rowspan="2">配分</th><th colspan="3">评分</th></tr>
<tr><th>自我评价</th><th>小组评价</th><th>教师评价</th></tr>
<tr><td rowspan="3">工作组织和管理</td><td>团队合作、合理计划、高效管理时间</td><td>3</td><td></td><td></td><td></td></tr>
<tr><td>定期检查工作进展和成果</td><td>3</td><td></td><td></td><td></td></tr>
<tr><td>保证高质量、高标准地完成工作</td><td>4</td><td></td><td></td><td></td></tr>
<tr><td rowspan="2">沟通能力</td><td>与客户交流，完全理解其要求</td><td>5</td><td></td><td></td><td></td></tr>
<tr><td>提供明确说明，为客户提供书面报告</td><td>5</td><td></td><td></td><td></td></tr>
<tr><td rowspan="2">计划创新能力</td><td>定期检查工作，最小化问题</td><td>5</td><td></td><td></td><td></td></tr>
<tr><td>提出创新性、可行性建议，提高客户满意度</td><td>5</td><td></td><td></td><td></td></tr>
<tr><td rowspan="2">设计安装能力</td><td>根据要求设计图纸，正确选用元器件</td><td>20</td><td></td><td></td><td></td></tr>
<tr><td>按照相关技术标准完成电路的装接</td><td>30</td><td></td><td></td><td></td></tr>
<tr><td rowspan="2">维修能力</td><td>能使用、测试、校准测量设备</td><td>5</td><td></td><td></td><td></td></tr>
<tr><td>能修复检查、验收中发现的问题</td><td>15</td><td></td><td></td><td></td></tr>
<tr><td>学生姓名</td><td></td><td colspan="2">综合评价得分</td><td colspan="2"></td></tr>
<tr><td>指导教师</td><td></td><td colspan="2">日期</td><td colspan="2"></td></tr>
</table>

世赛知识

中国的参赛历程与成绩

1．首战伦敦

2011 年 10 月，在英国伦敦举行的第 41 届世界技能大赛上，中国首次组团参加了 6 个项目的比赛，获得 1 枚银牌和 5 个优胜奖。

2．挺进莱比锡

2013 年 7 月，在德国莱比锡举行的第 42 届世界技能大赛上，中国代表团参加了 22 个项目的比赛，获得 1 枚银牌、3 枚铜牌和 13 个优胜奖。

3．圆梦巴西

2015 年 8 月，在巴西圣保罗举行的第 43 届世界技能大赛上，中国代表团参加了 29 个项目的比赛，获得 5 枚金牌、6 枚银牌、4 枚铜牌和 11 个优胜奖，实现了金牌零的突破。

4．竞技阿布扎比

2017 年 10 月，在阿联酋阿布扎比举行的第 44 届世界技能大赛上，中国代表团参加了 47 个项目的比赛，获得 15 枚金牌、7 枚银牌、8 枚铜牌和 12 个优胜奖，金牌总数、奖牌总数和团体总分均位列第一。

5．征战喀山

2019 年 8 月，在俄罗斯喀山举行的第 45 届世界技能大赛上，中国代表团参加了全部 56 个项目的比赛，获得 16 枚金牌、14 枚银牌、5 枚铜牌和 17 个优胜奖，金牌总数、奖牌总数和团体总分再次位列第一，获得了历史最好成绩。

学习任务三　磨床电气控制线路安装与调试

学习目标

1. 能根据工作任务情境填写工作任务单，明确工作任务，与相关人员进行沟通，明确工时和工作内容等要求。

2. 能识读相关施工图纸，通过勘察施工现场准确描述现场特征，并取得必要的资料和数据。

3. 能正确识读电气原理图，明确 M7130 型平面磨床电气控制线路的控制过程及工作原理。

4. 能正确识别并选用常用的电压继电器、电磁吸盘和电流继电器等低压电器，正确使用电工常用工具与测量仪表。

5. 能正确识别并选用液压系统的液压元件。

6. 能根据任务要求和施工图纸列出所需工具和材料清单，准备工具，领取材料。

7. 能根据勘察现场的结果和任务要求，合理制订工作计划。

8. 能按照作业规程设置必要的标识和隔离措施，准备现场工作环境。

9. 能正确识读位置图和接线图，按图纸、工艺及安装规程要求，参照世界技能大赛电气安装技术标准完成线路安装施工任务，在安装过程中具有环保意识和成本意识。

10. 施工后，能按相关的技术要求（如世界技能大赛电气安装技术标准中对绝缘电阻、接地电阻测试等的技术要求）使用仪表进行自检，排查故障，完成运行测试工作。

11. 通电试车合格后，能正确标注有关控制功能的铭牌标签。

12. 施工后，能按管理规定清理工作现场、整理工具、收集剩余材料、清理工程垃圾及拆除防护措施。

13. 能完成工作总结与评价，规范填写项目验收报告并交付验收。

14. 能在工作过程中严格执行企业的作业规范、安全生产制度、环保管理制度及“6S”管理制度。

15. 能严格遵守从业人员的职业道德，具有吃苦耐劳、爱岗敬业的工作态度和职业责任感。

建议学时

60 学时

工作情境描述

某机床生产企业接到一批 M7130 型平面磨床生产订单，设计部门已经设计好电气控制线路图纸，下发给电气部门进行生产。电气部门班组长安排人员按照电气原理图、位置图和接线图等图纸在任务规定时间内完成电气控制线路的安装。安装过程应符合相关的工艺要求和安装规程要求，安装完成后应进行运行测试，保证设备工作正常。

工作流程与活动

1．明确任务和勘察现场（6 学时）
2．施工前的准备（24 学时）
3．现场施工（20 学时）
4．检修与调试（6 学时）
5．总结与评价（4 学时）

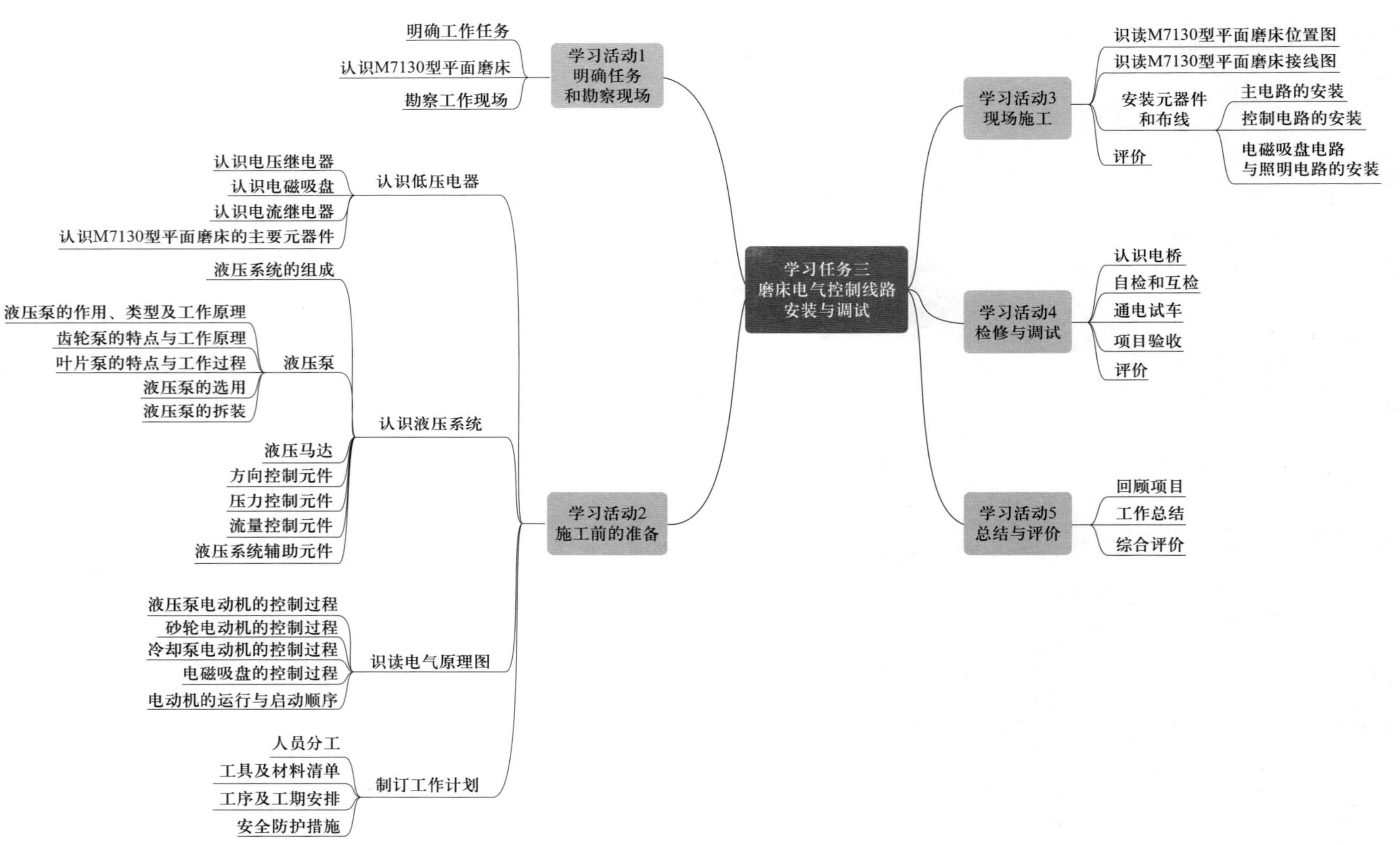
学习任务三
磨床电气控制线路
安装与调试
学习活动1
明确任务
和勘察现场
明确工作任务
认识M7130型平面磨床
勘察工作现场
学习活动2
施工前的准备
认识低压电器
认识电压继电器
认识电磁吸盘
认识电流继电器
认识M7130型平面磨床的主要元器件
认识液压系统
液压系统的组成
液压泵
液压泵的作用、类型及工作原理
齿轮泵的特点与工作原理
叶片泵的特点与工作过程
液压泵的选用
液压泵的拆装
液压马达
方向控制元件
压力控制元件
流量控制元件
液压系统辅助元件
识读电气原理图
液压泵电动机的控制过程
砂轮电动机的控制过程
冷却泵电动机的控制过程
电磁吸盘的控制过程
电动机的运行与启动顺序
制订工作计划
人员分工
工具及材料清单
工序及工期安排
安全防护措施
学习活动3
现场施工
识读M7130型平面磨床位置图
识读M7130型平面磨床接线图
安装元器件
和布线
主电路的安装
控制电路的安装
电磁吸盘电路
与照明电路的安装
评价
学习活动4
检修与调试
认识电桥
自检和互检
通电试车
项目验收
评价
学习活动5
总结与评价
回顾项目
工作总结
综合评价

学习活动 1　明确任务和勘察现场

学习目标

1. 能根据工作任务情境填写工作任务单，明确工作任务，与相关人员进行沟通，明确工时和工作内容等要求。

2. 能描述 M7130 型平面磨床的基本功能、主要结构及运动形式。

3. 能通过勘察施工现场准确描述现场特征，并取得必要的资料和数据。

建议学时：6 学时

学习过程

一、明确工作任务

认真阅读工作任务单（表 3–1–1），结合学习任务的实际情况，说出本次任务的工作内容、时间要求及交接工作相关负责人等信息，并根据实际情况将下表补充完整。

表 3–1–1　　　　工作任务单　　　　编号：

<table>
<tr><td>安装地点</td><td colspan="5">电气车间</td></tr>
<tr><td>安装项目</td><td colspan="3">M7130 型平面磨床电气控制线路的安装</td><td>保修周期</td><td>出厂后一年</td></tr>
<tr><td rowspan="2">安装单位或部门</td><td rowspan="2"></td><td>责任人</td><td></td><td rowspan="2">承接时间</td><td rowspan="2">年　月　日</td></tr>
<tr><td>联系电话</td><td></td></tr>
<tr><td>安装人员</td><td colspan="3"></td><td>完工时间</td><td>年　月　日</td></tr>
<tr><td>验收意见</td><td colspan="3"></td><td>验收人</td><td></td></tr>
<tr><td>处室负责人签字</td><td colspan="2"></td><td colspan="2">项目负责人签字</td><td></td></tr>
</table>

二、认识 M7130 型平面磨床

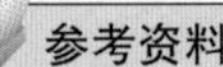

> 参考资料
> **电力拖动控制线路与技能训练（第六版）**
> 第三单元课题 3　M7130 型平面磨床电气控制线路

磨床是用砂轮周边或者端面对工件进行机械加工的精密机床，它不仅能加工一般金属材料，还能加工淬火钢或硬质合金等高硬度材料。M7130 型平面磨床（图 3–1–1）是平面磨床中使用较为广泛的一种，该磨床使用方便，磨削精度和光洁度都较高，适用于磨削精度零件和各种工具，并可以做镜面磨削。查阅相关资料，学习平面磨床的相关知识，回答下面的问题。

图 3–1–1

1．图 3–1–2 所示为 M7130 型平面磨床结构图，试标出各部件的名称。

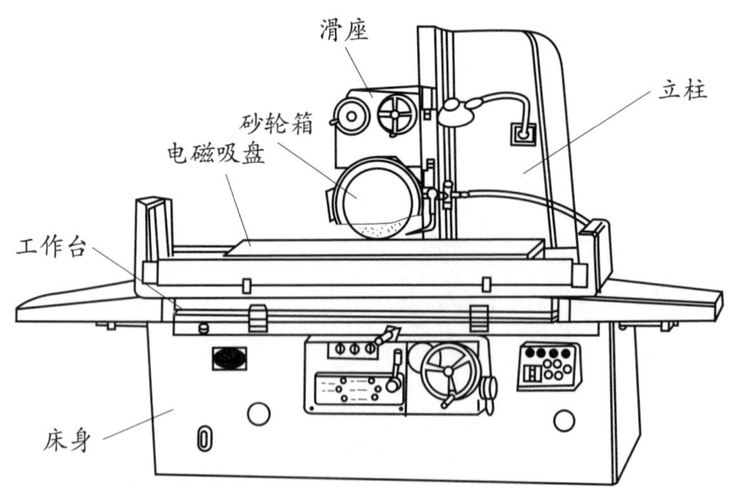

图 3–1–2

2．写出 M7130 型平面磨床型号中字母及数字所代表的含义。

答：

M：磨床。

7：平面。

1：卧轴矩形工作台式。

30：工作台的工作面宽为 300 mm。

3．观看 M7130 型平面磨床的操作演示，在互联网上搜索 M7130 型平面磨床的图片或者操作视频，了解磨床的结构及操作过程。

4．M7130 型平面磨床的运动形式有哪几种?

答：M7130 型平面磨床的主运动是砂轮的旋转运动，进给运动是工作台的纵向往复运动及砂轮架的横向和垂直进给运动，辅助运动包括工件的夹紧、工作台的快速移动以及工件的冷却。

5．简述 M7130 型平面磨床的控制要求。

答：M7130 型平面磨床由砂轮电动机、液压泵电动机和冷却泵电动机进行拖动，且以上三台电动机都只需单方向运行，冷却泵电动机与砂轮电动机具有顺序控制关系。为了保证安全，电磁吸盘与各电动机之间有电气联锁装置，即在电磁吸盘充磁后，电动机才能启动。当电磁吸盘不工作或发生故障时，三台电动机都不能启动。在电力拖动系统中也有保护环节、退磁控制环节和照明电路。

三、勘察工作现场

勘察 M7130 型平面磨床电气控制线路安装现场的基本情况（包括安装位置、尺寸、线路与电动机的连接情况等），做好记录。

答：引导学生根据现场勘察的基本情况记录相应数据。

学习活动 2　施工前的准备

学习目标

1. 能正确识别并选用常用的电压继电器、电磁吸盘和电流继电器等低压电器。

2. 能正确识别并选用液压系统的液压元件。

3. 能正确识读电气原理图，明确 M7130 型平面磨床电气控制线路的控制过程及工作原理。

4. 能根据勘察现场的结果和任务要求，合理制订工作计划。

5. 能根据任务要求和施工图纸列出所需工具和材料清单，准备工具，领取材料。

6. 能按照作业规程设置必要的安全防护措施。

建议学时：24 学时

学习过程

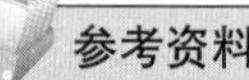

参考资料

电力拖动控制线路与技能训练（第六版）

第一单元课题 6　继电器

第三单元课题 3　M7130 型平面磨床电气控制线路

一、认识低压电器

1．认识电压继电器

电压继电器是一种根据电压变化而动作的继电器，在电路中用符号 KV 表示。查阅相关资料，回答下面的问题。

（1）对照实物和模型，认识电压继电器的结构，将图 3-2-1 所示电压继电器的结构补充完整。

图 3-2-1

（2）电压继电器分为哪几种？

答：电压继电器分为过电压继电器、欠电压继电器和零电压继电器三种。

（3）如何连接电压继电器的线圈？

答：电压继电器的线圈并联在被测量的电路中。

（4）电压继电器是如何实现欠电压保护功能的?

答：欠电压继电器在线路正常工作时，其衔铁处于吸合状态。一旦线路中的电压降至线圈释放电压时，衔铁由吸合状态转为释放状态，欠电压继电器常开触头断开，保护电器的电源。

（5）电压继电器的常开触头何时闭合？如不闭合，对电路有何影响?

答：电压继电器的常开触头在正常情况下、即不通电或不动作时是断开的。当电压继电器得电后，常开触头闭合。若其不闭合，则电路不能正常接通和工作。

（6）选用电压继电器时要考虑哪些因素?

答：选用电压继电器时要考虑电压继电器线圈的额定电压、触头的数量和种类。

2．认识电磁吸盘

电磁吸盘是装夹在工作台上用来固定工件的一种夹具。查阅相关资料，学习电磁吸盘的相关知识，回答下面的问题。

（1）电磁吸盘与机械夹具相比有哪些优点?

答：电磁吸盘是固定工件的一种夹具，它利用电磁吸盘线圈在通电时产生磁场的特性吸牢铁磁材料工件。与机械夹具相比，电磁吸盘具有夹紧迅速、操作快速简便、不损伤工件、一次能吸牢多个小工件，以及在磨削中工件发热可自由伸缩且不会变形等优点。

（2）电磁吸盘电路包括哪几部分？

答：电磁吸盘电路包括整流电路、控制电路和保护电路三部分。

（3）为什么电磁吸盘要用直流电而不用交流电？

答：电磁吸盘线圈采用直流电，以避免交流电工作时工件振动及铁芯发热。

（4）电磁吸盘吸力不足会造成什么后果？如何防止出现这种情况？

答：电磁吸盘吸力不足会使工件移位，从而影响加工的精度和加工面的粗糙度。

若整流器空载时输出电压正常、带负载时输出电压远低于 110 V，则表明电磁吸盘线圈已短路，短路点多发生在线圈各绕组间的引线接头处，这是由吸盘密封不好、切削液流入引起的绝缘损坏。更换电磁吸盘线圈，处理好线圈绝缘，确保吸盘密封完好，可以防止吸力不足的情况出现。

（5）电磁吸盘退磁不好的原因有哪些？

答：电磁吸盘退磁不好的原因有退磁电路断路，根本不能退磁；退磁电压太高，退磁后又进行了反向充磁；以及退磁时间过长或过短，与相应材质工件所需的退磁时间不同。

3．认识电流继电器

反映输入量为电流的继电器称为电流继电器，在电路中用 KA 表示。查阅相关资料，回答下面的问题。

（1）电流继电器分为哪几种?

答：电流继电器分为过电流继电器和欠电流继电器两种。

（2）电流继电器的线圈怎样连接?

答：电流继电器的线圈串联在被测电路中。

（3）电流继电器的选用要考虑哪些因素?

答：电流继电器的选用要考虑电流继电器的触头种类、数量、额定电流、整定电流及复位方式等。

4．认识 M7130 型平面磨床的主要元器件

（1）M7130 型平面磨床的主要电气控制部分都安装在其控制箱内，观察控制箱，在教师的讲解和指导下，认识各元器件的名称，查阅相关资料，在表 3-2-1 中写出各元器件的代号、名称、型号、规格和作用。

表 3-2-1　　M7130 型平面磨床的主要元器件

代号	元器件名称	型号	规格	作用
M1	砂轮电动机	W451-4	4.5 kW，220 V/380 V，1 440 r/min	驱动砂轮
M2	冷却泵电动机	JCB-22	125 W，220 V/380 V，2 790 r/min	驱动冷却泵
M3	液压泵电动机	J042-4	2.8 kW，220 V/380 V，1 440 r/min	驱动液压泵
QS1	电源开关	HZ1-25/3		引入电源

续表

代号	元器件名称	型号	规格	作用
QS2	转换开关	HZ1-10P/3		控制电磁吸盘
SA	照明灯开关			控制照明灯
FU1	熔断器	RL1-60/30	熔断器 60 A，熔体 30 A	电源保护
FU2	熔断器	RL1-15/5	熔断器 15 A，熔体 5 A	控制电路短路保护
FU3	熔断器	BLX-1	1 A	照明电路短路保护
FU4	熔断器	RL1-15/2	熔断器 15 A，熔体 2 A	保护电磁吸盘
KM1	接触器	CJ10-10	线圈电压 380 V	控制 M1
KM2	接触器	CJ10-10	线圈电压 380 V	控制 M3
KH1	热继电器	JR10-10	整定电流 9.5 A	M1 过载保护
KH2	热继电器	JR10-10	整定电流 6.1 A	M3 过载保护
T1	整流变压器	BK-400	400 V · A，220 V/145 V	降压
T2	照明变压器	BK-50	50 V · A，380 V/36 V	降压
VC	硅整流器	GZH	1 A，200 V	输出直流电压
YH	电磁吸盘		1.2 A，110 V	工件夹具
KA	欠电流继电器	JT3-11L	1.5 A	保护用
SB1	按钮	LA2	绿色	启动 M1
SB2	按钮	LA2	红色	停止 M1
SB3	按钮	LA2	绿色	启动 M3
SB4	按钮	LA2	红色	停止 M3
R1	电阻器	GF	6 W，125 Ω	放电保护电阻
R2	电位器	GF	50 W，1 000 Ω	退磁电阻
R3	电阻器	GF	50 W，500 Ω	放电保护电阻
C	电容器		600 V，5 μF	保护用电容
EL	照明灯	JD3	24 V，40 W	工作照明
X1	接插器	CY0-36		M2 用
X2	接插器	CY0-36		电磁吸盘用
XS	插座		250 V，5 A	退磁器用
附件	退磁器	TC1TH/H		工件退磁用

（2）表 3-2-2 中列出了 M7130 型平面磨床中涉及的新元器件，结合前面的学习，查阅相关资料，对照符号写出其名称、功能和用途。

表 3-2-2　　常用元器件的名称、功能和用途

符号	名称	功能和用途
KV	电压继电器线圈	通电产生磁力，吸合和分断触头
KV	电压继电器常开触头	在电压继电器线圈未通电的情况下，触头是断开的，电路不接通
KV	电压继电器常闭触头	在电压继电器线圈未通电的情况下，触头是闭合的，电路接通
KA	电流继电器线圈	通电产生磁力，吸合和分断触头
KA	电流继电器常开触头	在电流继电器线圈未通电的情况下，触头是断开的，电路不接通
KA	电流继电器常闭触头	在电流继电器线圈未通电的情况下，触头是闭合的，电路接通
~ VC + −	硅整流器	输出直流电压
YH	电磁吸盘	工件夹具

二、认识液压系统

液压传动是依靠被封闭于密封容腔内介质的压力能来传递动力和运动的。M7130 型平面磨床就用到了液压系统。查阅相关资料，学习液压传动技术的相关知识，回答下面的问题。

1．液压系统主要由哪几个部分组成?

答：液压系统主要由油箱、过滤器、液压泵、溢流阀、开停阀、节流阀、手动换向阀、液压缸，以及连接这些元件的油管和接头组成。

2．液压系统有哪些优缺点？

答：液压系统的优点如下：

（1）可以根据需要方便、灵活地布置液压系统的各种元件。

（2）重量轻、体积小、运动惯性小、反应速度快。

（3）操纵、控制方便，可实现大范围的无级变速。

（4）可自动实现过载保护。

（5）一般采用矿物油作为工作介质，元件可自行润滑，使用寿命长。

（6）容易实现直线运动。

（7）容易实现机器的自动化，当采用电液联合控制后，不仅可实现更高程度的自动控制过程，而且可遥控。

液压系统的缺点如下：

（1）由于流体流动的阻力大、油液容易泄漏，所以其传动效率较低。如果处理不当，油液泄漏不仅会污染场地，而且还可能引起火灾和爆炸事故。

（2）由于其工作性能易受到温度变化的影响，所以其不宜在很高或很低的温度条件下工作。

（3）液压元件的制造精度要求较高，因而价格较贵。

（4）由于油液的泄漏及可压缩性的影响，液压系统不能得到严格的传动比。

（5）液压传动出故障时不易找出原因，因而对其使用和维修的技术要求较高。

3．液压泵是动力元件，是将泵转动的＿＿机械能＿＿转换成液体的＿＿压力能＿＿的装置。按运动构件的形状和运动方式，液压泵可分为哪几种类型？按其排量能否调节，又可分为哪几种类型？

答：液压泵按运动构件的形状和运动方式可分为齿轮泵、叶片泵、柱塞泵、螺杆泵和凸轮转子泵等类型。

液压泵按其排量能否调节可分为定量泵和变量泵两种类型。

4．在表 3-2-3 中指出各个符号所代表的液压泵的类型。

表 3-2-3　　液压泵的类型

定量泵		变量泵	
单向定量泵	双向定量泵	单向变量泵	双向变量泵

5．图 3–2–2 所示为液压泵的原理示意图，对照该图简述液压泵的工作原理。

答：图 3–2–2 所示是一单柱塞液压泵的工作原理图，图中柱塞装在缸体中，形成一个密封腔 a，柱塞在弹簧的作用下始终压在偏心轮上。偏心轮在原动机驱动下旋转，柱塞做往复运动，使密封腔 a 的容积大小发生周期性的交替变化。当密封腔 a 的容积由小变大时就形成局部真空，使油箱中的油液在大气压作用下经吸油管顶的单向阀进入泵中，从而实现吸油；反之，当密封腔 a 的容积由大变小时，密封腔 a 中吸入的油液将顶开单向阀流入系统，从而实现压油。这样，液压泵就将原动机输入的机械能转换成液体的压力能，原动机驱动偏心轮不断地旋转，液压泵就能不断地吸油和压油。

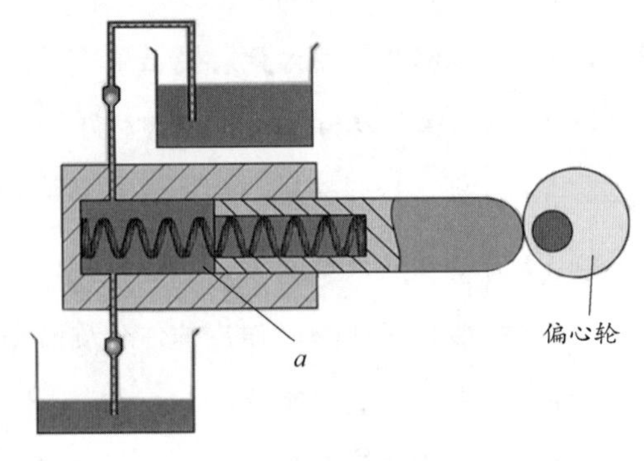

图 3–2–2

6．齿轮泵有什么特点?

答：在现代液压技术中，齿轮泵是产量和使用量最大的泵类元件。齿轮泵的流量脉动大，多用于对精度要求不高的传动系统，一般被做成定量泵使用。

齿轮泵的优点：

（1）结构简单、工艺性好、成本较低。

（2）与同样流量的其他各类泵相比，其结构紧凑、体积小、工作可靠、价格便宜。

（3）具有良好的自吸能力。齿轮泵的吸油口口径大于等于排油口口径，如果吸、排油口口径相同，则允许齿轮反转。

（4）对油液污染不敏感，且耐冲击负荷，可广泛应用于工作环境较差的工程机械上。

（5）具有较大的转速范围。通常齿轮泵的额定转速为 1 500 r/min。

齿轮泵的缺点：

（1）工作压力较低。

（2）因油液泄漏严重，所以其容积效率低。

（3）流量脉动大，从而使管道和阀等元件产生振动和噪声。

（4）齿轮泵在零件磨损后不易修复，常因个别零件磨损而不得不整个更换。

7．齿轮泵按照齿轮的啮合形式分为哪几种?

答：齿轮泵按照齿轮的啮合形式可分为外啮合齿轮泵和内啮合齿轮泵两种。

8．图 3–2–3 所示是什么类型的液压泵？简述其工作原理。

答：图 3–2–3 所示是外啮合齿轮泵。它是分离三片式结构，“三片”指前、后端盖和泵体，泵体内装有一对齿数相等、宽度和泵体接近而又互相啮合的齿轮。这对齿轮与两端盖和泵体形成一个密封腔，齿轮的齿顶和啮合线又把密封腔划为两部分，即吸油腔和压油腔。两齿轮分别通过键固定在由滚针轴承支撑的主动轴和从动轴上，主动轴由电动机带动旋转。

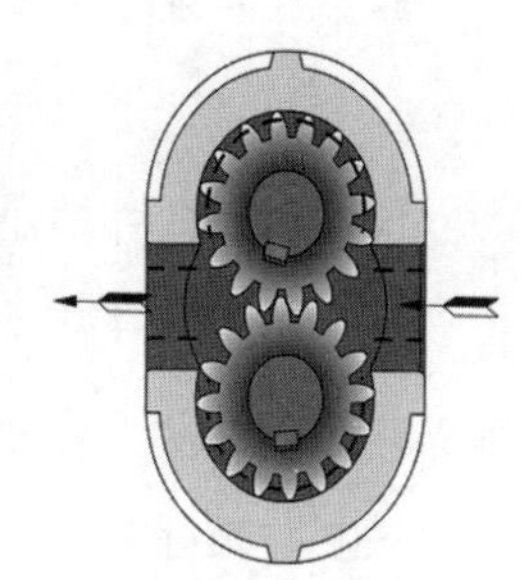

图 3–2–3

外啮合齿轮泵的工作原理如下：

当泵的主动齿轮按图示方向旋转时，泵右侧（吸油腔）齿轮脱离啮合，使密封容积增大，形成局部真空，油箱中的油液在外界大气压的作用下经吸油管路和吸油腔进入齿间。随着齿轮的旋转，吸入齿间的油液被带到另一侧，进入压油腔。这时轮齿进入啮合，使密封容积逐渐减小，轮齿间的部分油液被挤出，形成了齿轮泵的压油过程。

9．齿轮泵有哪些不足？

答：齿轮泵存在困油、径向液压力不平衡和油液泄漏问题。

10．叶片泵有什么特点？

答：叶片泵具有流量均匀、运转平稳、噪声小、体积小和质量轻等优点，其缺点是结构复杂、吸油特性不太好，对油液污染也比较敏感，又因叶片甩出力、吸油速度和磨损等因素的影响，叶片泵的速度不快。

11．叶片泵根据每转作用次数可分为哪几类？

答：叶片泵根据每转作用次数可分为单作用叶片泵和双作用叶片泵两类。

12．图 3–2–4 所示是单作用叶片泵的示意图，简述它的工作过程。

答：图 3–2–4 所示的单作用叶片泵主要由转子、定子、叶片和两侧的配油盘组成，叶片数量多为奇数，以使流量均匀。其结构上与双作用叶片泵的主要区别是——单作用叶片泵的定子滑道为一相对于转子轴线具有一定偏心距的圆环，转子每旋转一圈，泵的工作容积只完成一次吸、排油；定子具有圆柱形的内表面，定子中心相对转子中心存在偏心距，叶片在工作时可通过改变偏心距来改变流量。单作用叶片泵的奇数叶片比偶数叶片的流量脉动率小。叶片装在转子槽中，并可在槽内滑动，当转子回转时，由于离心力的作用，叶片紧靠在定子内壁，这样在定子、转子、叶片和两侧配油盘间就形成了若干个密封的工作空间，当转子回转时，在图的右部叶片逐渐伸出，叶片间的工作空间逐渐增大，并从吸油口吸油；在图的左部叶片被定于内壁并逐渐压进槽内，叶片间的工作空间逐渐缩小，并将油液从压油口压出。在吸油腔和压油腔之间，有一段封油区，它把吸油腔和压油腔隔开。这种叶片泵的转子每转一周，每个工作空间完成一次吸油和压油，因而被称为单作用叶片泵。转子不停地旋转，叶片泵就不断地吸油和压油。

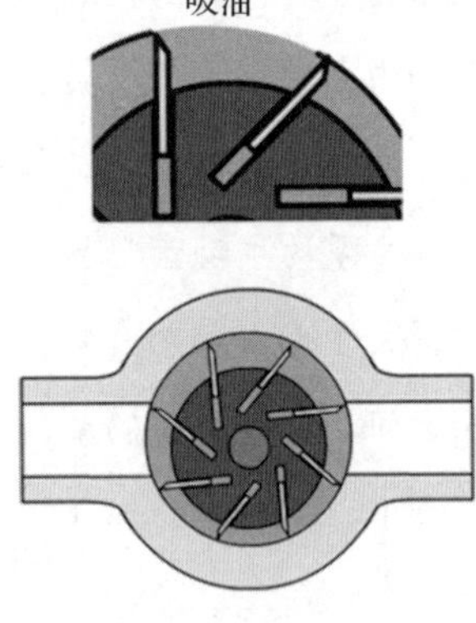

图 3–2–4

13．机床的液压系统一般采用什么泵？有什么优点？

答：机床的液压系统一般采用斜齿轮泵，其优点如下：

（1）结构简单，工艺性较好，成本较低。

（2）与同流量的其他各类泵相比，其结构紧凑、体积小。

（3）自吸性能好。无论在高、低转速甚至在手动情况下都能可靠地实现自吸。

（4）转速范围大。泵的传动部分和齿轮基本上是平衡的，在高转速下不会产生较大的惯性。

（5）油液中的污物对其工作影响不严重，不易咬死。

14．液压缸是执行元件，是将液体的＿压力能＿转换成自身往复运动的＿机械能＿的装置。查阅相关资料，写出表 3-2-4 中的符号所代表的液压缸的类型。

表 3-2-4　　液压缸的类型

单作用液压缸				双作用液压缸		
柱塞缸	单杆活塞缸	双杆活塞缸	伸缩式套筒缸	单杆活塞缸	双杆活塞缸	伸缩式套筒缸

15．液压泵使用时产生的噪声应采用什么措施解决?

答：使用液压泵时产生的噪声的解决措施如下：

（1）在液压泵的出口处设置放气阀。在通过放气阀放气时，应尽可能将放气阀布置在靠近泵出油口处，并垂直安装。在设置放气阀时，应注意将回油管插入油箱液面以下。

（2）尽量降低液压泵的吸入高度，使其留有充分余量；采用内径较大的吸油管；尽量减少吸油弯头；采用容量较大的吸油过滤器。

（3）严格防止吸油管和泵驱动轴密封处漏气。

（4）避免液压泵内部液体压力的急剧变化。

（5）为吸收液压泵流量及压力脉动产生的噪声，可在液压泵的出口安装消声器。

（6）对于装在油箱上的泵，应使用橡胶垫进行减振，还应用橡胶软管对泵和管路的连接处进行隔振。

（7）为防止液压泵产生气穴现象，可采用直径较大的收油管，以减小管道的局部阻力；还可采用大容量的吸油过滤器，以防止液体中混入空气；并应合理设计液压泵，以提高零件刚度。

16．选择液压泵要考虑哪些因素?

答：选择液压泵要考虑的因素有主机工况、功率大小和系统对工作性能的要求。首先确定液压泵的类型，然后按系统所要求的压力和流量大小确定其规格型号。

17．查阅相关资料，简述液压马达与液压泵的区别。

答：液压马达是把液体的压力能转换为马达转动的机械能的装置。从原理上讲，液压泵可以和液压马达相互替换，但在事实上，同类型的液压泵和液压马达虽然在结构上相似，但由于两者的工作情况不同，其性能要求也不同，两者在结构上仍存在一定差异。首先，液压马达应能正、反转，因而其内部结构应对称。其次，液压马达在输入压力油的条件下工作，因而不必具备自吸能力，但需要一定的初始密封性，才能提供必要的起始转矩。由于存在这些差别，虽然液压马达和液压泵在结构上比较相似，但是不能相互替换。

18．方向控制元件又称什么？通常包括哪些元件？

答：方向控制元件又称方向控制阀，通常包括单向阀和换向阀两种。

19．压力控制元件又称压力控制阀，它包括哪几个组成部分？

答：压力控制元件包括溢流阀、减压阀、顺序阀和压力继电器等部件。

20．流量控制元件又称流量控制阀，简述其作用。

答：流量控制元件的作用是在一定的压力差下，依靠改变节流口通流截面积的大小或通流通道的长短来控制通过节流口的流量，从而控制执行元件的运动速度。

21．液压系统辅助元件包括哪几个部件?

答：液压系统辅助元件包括蓄能器、过滤器、油箱、热交换器、压力表及管件等部件。

22．表 3–2–5 中列出了液压系统的主要元器件，对照图片写出它们的名称。

表 3–2–5　液压系统的主要元器件

序号	图片	名称
1	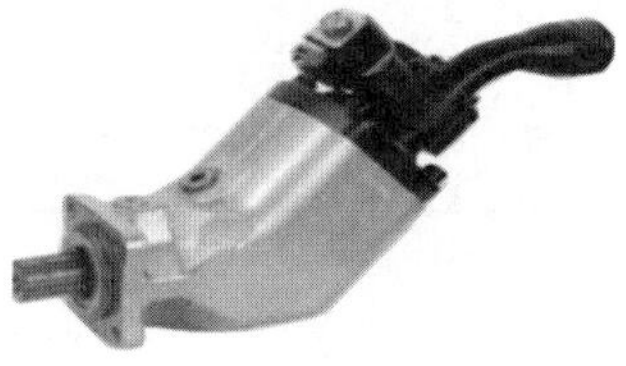	液压泵
2		液压缸
3		液压马达
4		带液压表的液压阀

续表

序号	图片	名称
5		节流阀
6		单向阀
7		液压阀
8		流量控制阀
9	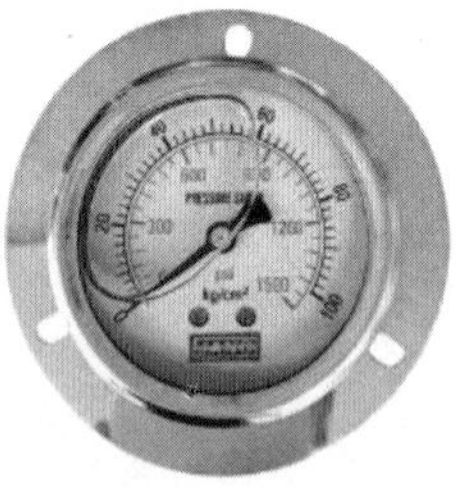	液压表

23．以机床常用的单作用叶片泵为例，学习液压泵的拆装步骤。

（1）观察单作用叶片泵的外形，找出吸油口、压油口和泄油口的位置，通过拍照、绘图或用文字描述的方式将其记录下来。

（2）拆下单作用叶片泵的前端盖，指出拆下的各零部件名称，以及叶片的个数，观察定子和转子的放置特点，找出密封容腔的位置，依据吸、排油口的位置分析叶片泵的转动方向，并将结论记录下来。

（3）对于变量部分，找出流量调节螺钉的位置。当流量调节螺钉不变时，叶片泵的流量还能改变吗？是如何改变的？

答：当流量调节螺钉不变时，叶片泵的流量能改变。

当径向力小于弹簧力时，定子与转子的偏心矩最大，泵的输出流量最大；当径向力大于弹簧力时，定子向左移动，使偏心距减小，进而使泵的输出流量减少；当径向力增大至偏心距等于零时，泵的输出流量为零。

（4）分析调节压力调节螺钉的作用。

答：调节压力调节螺钉的作用是通过上下移动定子和转子调节其间隙，以保证间隙均匀和适当（间隙为 0.04 ~ 0.07 mm）。

三、识读电气原理图

图 3–2–5 所示为 M7130 型平面磨床的电气原理图，图中的 KA（电流继电器）、VC（整流桥）、YH（电磁吸盘）等是新涉及的元器件，首先结合原理图认识这些元器件的功能特点，然后分析电路的工作原理，进而制订本任务的工作计划。

参考资料

电力拖动控制线路与技能训练（第六版）

第三单元课题 3　M7130 型平面磨床电气控制线路

电源开关及保护
砂轮电动机
冷却泵电动机
液压泵电动机
控制电路保护
砂轮控制
液压泵控制
整流变压器
整流器
电磁吸盘
照明
退磁
放松
吸合
L1
L2
L3
QS1
U11
V11
W11
FU1
U12
V12
W12
FU2
FU3
FU4
KM1
KM2
KH1
KH2
U13 V13 W13
U14 V14 W14
1U 1V 1W
2U 2V 2W
3U 3V 3W
M1
M2
M3
PE
X1
X2
QS2
SB1
SB2
SB3
SB4
KA
T1
T2
VC
R1
R2
R3
C
YH
XS
SA
EL
1 2 3 4 5 6 7 8 9 10 11 12 13 14 15 16 17

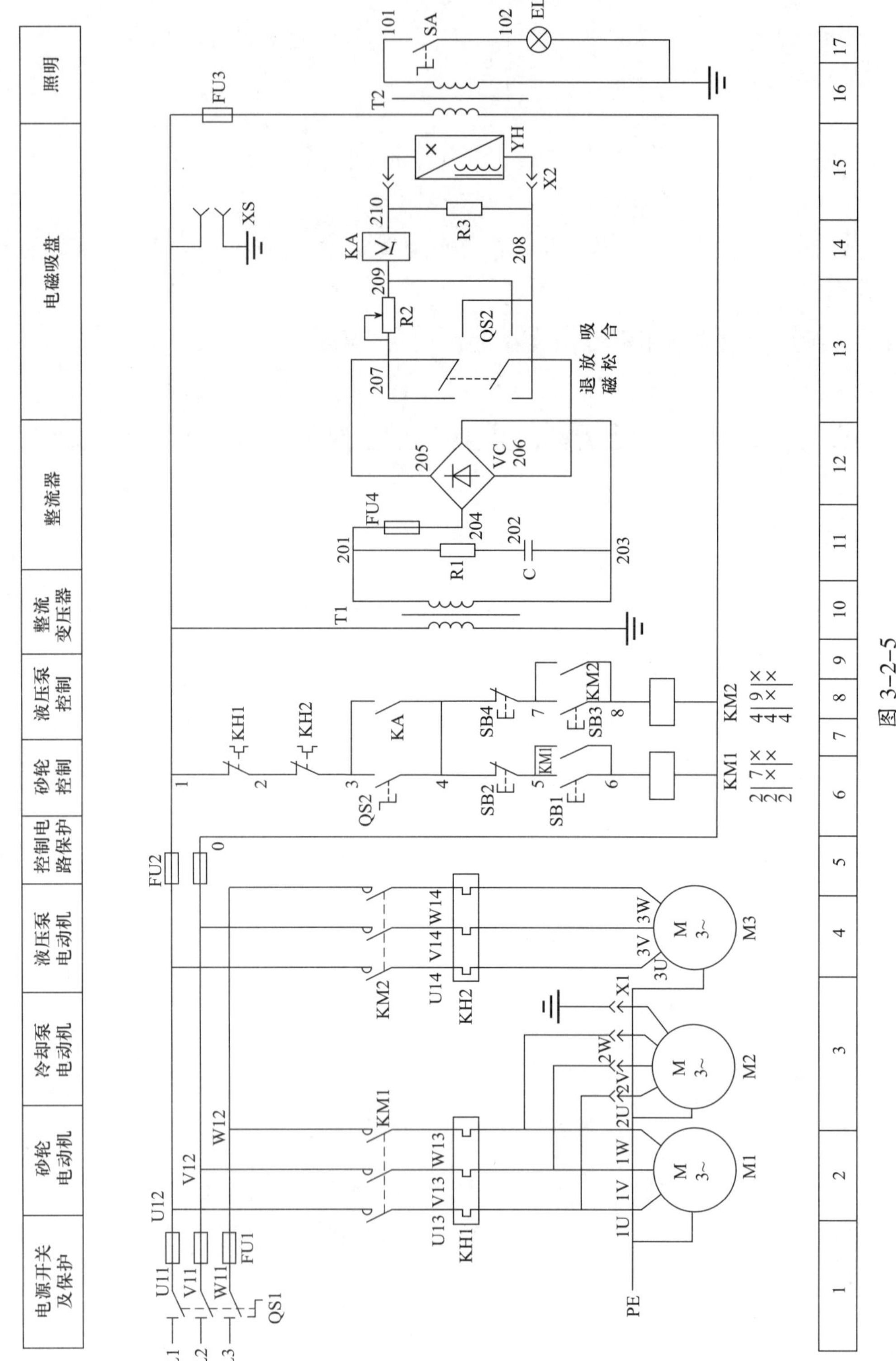

图 3-2-5

1．根据 M7130 型平面磨床的电气控制要求，识读电路图，将表 3–2–6 填写完整。

表 3–2–6　　M7130 型平面磨床的电气控制要求

电动机	旋转方向	启动顺序
砂轮电动机 M1	单向	M1 启动后，M2 才能启动
液压泵电动机 M3	单向	无顺序
冷却泵电动机 M2	单向	M1 启动后，M2 才能启动

2．分析电路工作原理，理解电路是如何实现控制要求的。参照给定的示例，完成表 3–2–7 的填写。

表 3–2–7　　电路工作原理

序号	被控对象	涉及的接触器	简述工作原理
1	液压泵电动机	KM2	按下 SB3—KM2 自锁—M3 运转—液压泵开始工作；按下 SB4—KM2 失电—M3 停转—液压泵停止工作
2	砂轮电动机	KM1	按下 SB1—KM1 自锁—M1 运转—砂轮电动机开始工作；按下 SB2—KM1 失电—M1 停转—砂轮电动机停止工作
3	冷却泵电动机	KM1	按下 SB1—KM1 自锁—M1 运转—砂轮电动机开始工作；插上插接件 X1，M2 启动运行
4	电磁吸盘（充磁）	无	将 QS2 扳至吸合位置，其触头（205 ~ 208）和（206 ~ 209）闭合，直流电压接入电磁吸盘 YH，工件被牢牢吸住
	电磁吸盘（退磁）	无	将 QS2 扳至退磁位置，其触头（205 ~ 207）和（206 ~ 208）闭合，由于退磁回路中存在退磁电阻 R2，电磁吸盘 YH 通入较小的反向电流进行退磁

3．电气原理图中的电磁吸盘 YH 控制电路由哪几部分组成?

答：电气原理图中的电磁吸盘 YH 控制电路由整流电路、主电路和保护电路组成。

4．加工时为了吸住工件，应对电磁吸盘做什么操作？加工完毕，为了取下工件，应对电磁吸盘做什么操作？

答：电磁吸盘有吸合、放松和退磁三种工作状态，在加工时为了吸住工件，应将QS2扳至“吸合”位置，其触头（205 ~ 208）和（206 ~ 209）闭合，直流电压接入电磁吸盘YH，工件被牢牢吸住。

当工件加工完毕，先把QS2扳至“放松”位置，其触头（205 ~ 208）和（206 ~ 209）恢复断开，切断电磁吸盘YH的直流电源。由于工件具有剩磁而不易取下，必须进行退磁。将QS2扳至“退磁”位置，其触头（205 ~ 207）和（206 ~ 208）闭合，由于退磁回路中存在退磁电阻R2，电磁吸盘YH通入较小的反向电流进行退磁。

5．电路中RC组成阻容吸收回路，它的作用是什么？查阅相关资料进行说明。

答：电路中RC组成阻容吸收回路，用以吸收电磁吸盘回路交流侧的过电压和直流侧通断时产生的浪涌电压，对整流器进行过电压保护。

6．在图3-2-5中用不同颜色标出充磁、退磁回路，并标出YH的正、负极。

答：本题中需标注部分以加粗线的形式来表示。

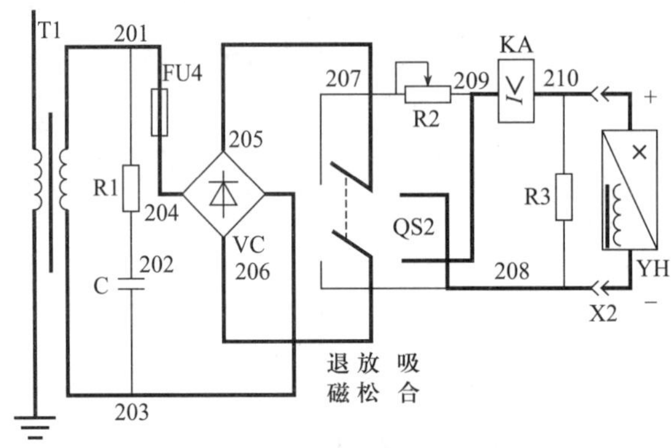

充磁回路

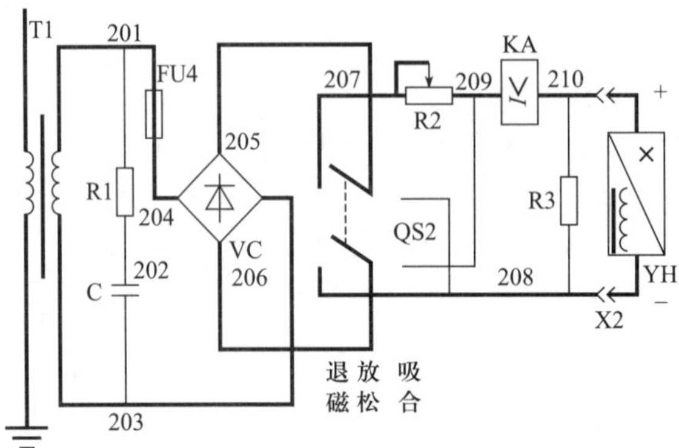

退磁回路

7．简述充磁时 YH 的工作过程。

答：充磁时 YH 的工作过程如下：

把 QS2 扳至“吸合”位置，其触头（205 ~ 208）和（206 ~ 209）闭合，电磁吸盘 YH 通入直流电压，产生磁性，工件被牢牢吸住。

8．简述退磁时 YH 的工作过程。

答：退磁时 YH 的工作过程如下：

把 QS2 扳至“放松”位置，其触头（205 ~ 208）和（206 ~ 209）恢复断开，切断电磁吸盘 YH 的直流电源。但因工件具有剩磁而不易取下，必须进行退磁。将 QS2 扳至“退磁”位置，其触头（205 ~ 207）和（206 ~ 208）闭合，由于退磁回路中存在退磁电阻 R2，电磁吸盘 YH 通入较小的反向电流，产生一个方向磁场以抵消原磁场，起到退磁作用。

9．三相电源进线和出线如何接入控制面板？

答：三相电源进线和出线通过接线端子排固定以接入控制面板。

10．主熔断器 FU1 进线应接到何处？为何不能直接接到 QS1 的接线柱上？

答：主熔断器 FU1 进线应接到自动空气开关之后。因为自动空气开关有过载保护功能，一旦过载就会切断电路，保证熔断器不会熔断。

11．电动机 M1、M2、M3 等的引出线能否与控制面板上电气元件的接线柱直接相连？为什么？

答：电动机 M1、M2、M3 等的引出线不能与控制面板上电气元件的接线柱直接相连，因为电动机的电压高且电流大，控制面板的电气元件属于控制电路，不能承受高电压和大电流。

12．分析电路，指出砂轮电动机与冷却泵电动机启动的先后顺序。

答：按下 SB1—KM1 自锁—M1 运转—砂轮电动机 M1 开始工作；再插上插接件 X1，冷却泵电动机 M2 启动运行。

13．如果 KM1 和 KM2 选用了 220 V 线圈的交流接触器，会出现什么情况？

答：如果 KM1 和 KM2 选用了 220 V 线圈的交流接触器，额定电压为 220 V 的接触器接到 380 V 的电源上，接触器不能正常工作，接触器线圈也可能被烧毁。

14．整流桥 VC 应如何接线？

答：整流桥 VC 里有四个二极管，共有四个引脚，长脚的是直流输出正极，与其相对的是直流输出负极，其余的两个引脚是交流输入端。

15．电磁吸盘 YH 及其 RC 保护装置应如何接线？

答：应将整流桥整流后的直流电接在电磁吸盘 YH 的正、负极上。RC 保护装置应接在整流桥的交流输入端。

16．电流继电器、整流桥和电磁吸盘的安装是本任务新涉及内容，查阅相关资料，了解安装方法，把要点记录下来。

四、制订工作计划

M7130型平面磨床电气控制线路安装与调试工作计划

一、人员分工

1．小组负责人

2．小组成员及分工

姓名	分工

二、工具及材料清单

序号	工具或材料	单位	数量	备注
1	砂轮电动机	台	1	4.5 kW、220 V/380 V、1 440 r/min
2	冷却泵电动机	台	1	125 W、220 V/380 V、2 790 r/min
3	液压泵电动机	台	1	2.8 kW、220 V/380 V、1 440 r/min
4	电源开关	个	1	
5	转换开关	个	1	
6	照明灯开关	个	1	
7	熔断器	个	4	不同规格
8	交流接触器	个	2	
9	热继电器	个	2	不同规格
10	整流变压器	个	1	400 W、220 V/145 V
11	照明变压器	个	1	50 W、380 V/36 V
12	硅整流器	个	1	1 A、220 V
13	电磁吸盘	个	1	1.2 A、110 V
14	欠电流继电器	个	1	1.5 A
15	按钮	个	4	
16	电阻器	个	3	
17	电容器	个	1	600 V、5 μF
18	照明灯	个	1	36 V、40 W
19	接插器	个	2	CY0–36
20	插座	个	1	250 V、5 A
21	退磁器	个	1	TC1TH/H
22	万用表	个	1	
23	兆欧表	个	1	
24	电桥	个	1	
25	常用电工工具	套	1	
26	导线	/	若干	不同型号
27	标签	/	若干	
28	防护用具	套	1	

三、工序及工期安排

序号	工作内容	完成时间	备注
	根据具体情况填写		

四、安全防护措施

1. 作业前必须按规定穿戴好劳保用品。
2. 电气设备、线路等在未经检查和确认无电前，应一律视为有电。
3. 一切电气、机械设备的金属外壳及行车轨道等，必须有可靠的接地或重复接电安全设施。
4. 警示牌必须挂在明处。
5. 不能使用受潮或损坏的绝缘用具。
6. 掌握灭火、触电急救和人工呼吸的方法。

学习活动3 现 场 施 工

学习目标

1. 能识读位置图和接线图。

2. 能正确使用电工常用工具。

3. 能按图纸、工艺及安装规程要求，参照世界技能大赛电气安装技术标准完成线路安装施工任务，在安装过程中具有环保意识和成本意识。

4. 能在工作过程中严格执行企业的作业规范、安全生产制度、环保管理制度及“6S”管理制度，严格遵守从业人员的职业道德，具有吃苦耐劳、爱岗敬业的工作态度和职业责任感。

建议学时：20 学时

学习过程

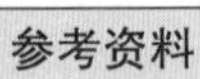

参考资料

电力拖动控制线路与技能训练（第六版）

第三单元课题3 M7130型平面磨床电气控制线路

一、识读 M7130 型平面磨床位置图

识读图 3-3-1 所示 M7130 型平面磨床位置图，结合实训设备的实际情况，明确元器件的安装位置。

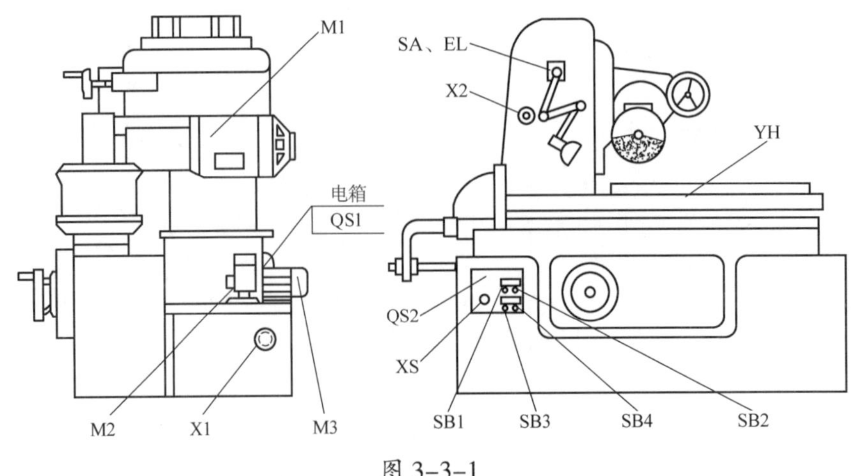

图 3-3-1

二、识读 M7130 型平面磨床接线图

识读图 3–3–2 所示 M7130 型平面磨床接线图，明确元器件实物的连接关系，并结合实训设备，通过测量等方法确定实际的走线路径。

> **参考资料**
> **电力拖动控制线路与技能训练（第六版）**
> 第三单元课题 3　M7130 型平面磨床电气控制线路

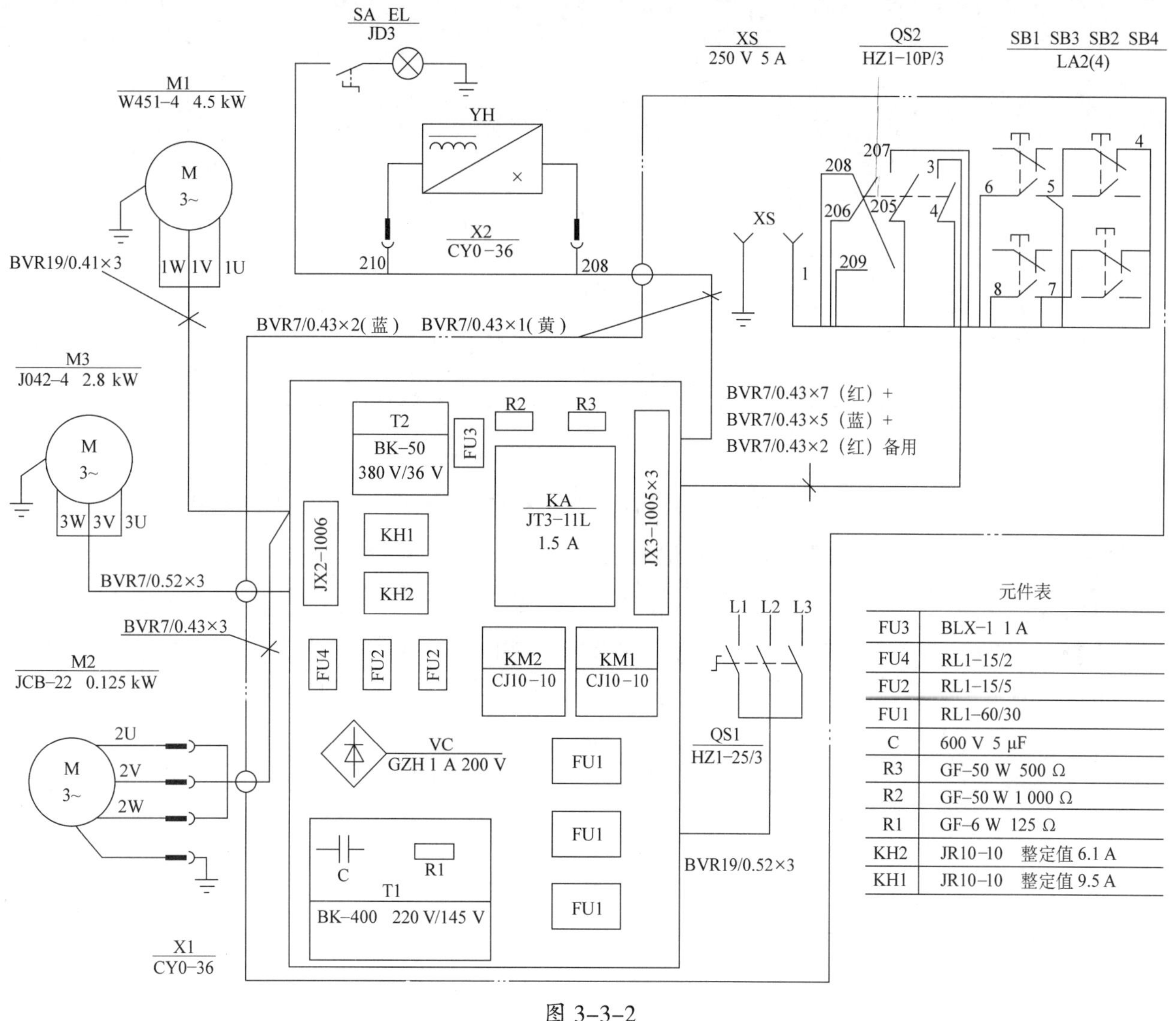

FU3	BLX–1 1 A
FU4	RL1–15/2
FU2	RL1–15/5
FU1	RL1–60/30
C	600 V 5 μF
R3	GF–50 W 500 Ω
R2	GF–50 W 1 000 Ω
R1	GF–6 W 125 Ω
KH2	JR10–10 整定值 6.1 A
KH1	JR10–10 整定值 9.5 A

图 3–3–2

三、安装元器件和布线

本工作任务中元器件的安装工艺、步骤、方法及要求与前面任务的基本相同。对照前面任务中电气设备控制线路的安装步骤和工艺要求完成安装任务。

1．主电路的安装

查阅相关资料，了解主电路元器件安装的工艺要求，按要求进行施工。主电路安装布线过程中遇到了哪些问题？你是如何解决的？在表 3–3–1 中记录下来。

表 3-3-1　　所遇问题和解决方法

所遇问题	解决方法

2．控制电路的安装

查阅相关资料，了解控制电路元器件安装的工艺要求，按要求进行施工。控制电路安装布线过程中遇到了哪些问题？你是如何解决的？在表 3-3-2 中记录下来。

表 3-3-2　　所遇问题和解决方法

所遇问题	解决方法

3．电磁吸盘电路与照明电路的安装

查阅相关资料，了解电磁吸盘电路与照明电路元器件安装的工艺要求，按要求进行施工。电磁吸盘电路与照明电路安装布线过程中遇到了哪些问题？你是如何解决的？在表 3-3-3 中记录下来。

表 3-3-3 所遇问题和解决方法

所遇问题	解决方法

四、评价

根据表 3-3-4 所列要求对本活动的完成情况进行评价。

表 3-3-4 评价表

项目要求	配分	评分细则	自我评价	小组评价	教师评价
时间要求	10	在规定时间内完成任务得 10 分；每超过 5 分钟扣 2 分			
现场准备，清点元器件和工具	5	元器件和工具清点完整得 5 分；缺一个扣 0.5 分			
安装、连接电路	30	电路连接正确、符合要求得 30 分；一处不符合扣 5 分			
电路安装步骤与方法	30	安装步骤与方法正确、符合工艺要求得 30 分；一处不符合扣 5 分			
线路布局	25	布局美观、符合控制要求得 25 分；一项不符合扣 5 分			
合计					

学习活动 4　检修与调试

学习目标

1. 能按照施工任务要求进行直观检查。

2. 能按相关的技术要求（如世界技能大赛电气安装技术标准中对绝缘电阻、接地电阻测试等的技术要求）使用仪表进行自检，排查故障。

3. 通电试车合格后，能正确标注有关控制功能的铭牌标签。

4. 施工后，能按管理规定清理工作现场、整理工具、收集剩余材料、清理工程垃圾及拆除防护措施。

5. 能规范填写项目验收报告并交付验收。

建议学时：6 学时

学习过程

参考资料
电工技能训练（第六版）
第二单元课题六任务四　直流电桥的使用

一、认识电桥

电桥是根据电桥法原理制成的测量仪器，电桥法利用检流计作为指示器，根据电桥电路平衡条件来确定被测量的大小。查阅相关资料，回答下面的问题。

1．根据电桥所用电源不同，电桥分为＿交流＿电桥和＿直流＿电桥。

2．根据电桥内部结构不同，电桥分为＿单臂＿电桥和＿双臂＿电桥。

3．直接用万用表欧姆挡测量电阻很方便，为什么还要使用电桥测量呢?

答：用万用表欧姆挡测量电阻，是以恒压源的方式和分压原理来计算对应的电阻值，所以在测量远大于万用表内阻的电阻值时，测量精度高，而在测量小电阻时，测量精度低。用电桥测量电阻，是在其内部产生恒流源，通过采集电阻两端的电压来计算对应的电阻值，所以在测量小电阻时，测量精度很高，最高可以达到 0.01% 级。

二、自检和互检

在断电情况下进行自检和互检，根据检测内容，将表 3–4–1 填写完整。

表 3–4–1 自检和互检

序号	检测内容	自检情况记录	互检情况记录
1	用兆欧表对电动机 M1 ～ M3 进行绝缘测试		
2	用万用表对 110 V 控制电路进行断电测试		
3	用万用表对 24 V 控制电路进行断电测试		
4	用万用表测量电磁吸盘电阻		
	用电桥测量电磁吸盘电阻		

三、通电试车

断电检查无误，经教师检查同意后通电试车，观察电动机的运行状态，测量相关技术参数，如存在故障应及时断电。电动机运行正常无误后，标注有关控制功能的铭牌标签，清理工作现场、整理工具、收集剩余材料、清理工程垃圾、拆除防护措施并交付验收检查。

1．根据测试内容，将表 3–4–2 填写完整。

表 3–4–2 通电试车

测试内容	能否启动	能否停止	测试结果（合格 / 不合格）		故障现象	检测部位
			自检	互检		
液压泵						
砂轮						
砂轮升降						

续表

测试内容	能否启动	能否停止	测试结果（合格 / 不合格）		故障现象	检测部位
			自检	互检		
电磁吸盘充磁						
电磁吸盘退磁						
冷却泵						

2．小组间相互交流，将各自遇到的故障现象、故障原因和处理方法记录在表 3–4–3 中。

表 3–4–3　故障现象、故障原因和处理方法记录

故障现象	故障原因	处理方法

四、项目验收

1．在验收阶段，各小组派出代表进行交叉验收，并详细填写验收记录（表 3–4–4）。

表 3–4–4　　验收过程问题记录表

验收问题记录	整改措施	完成时间	备注

2．以小组为单位认真填写 M7130 型平面磨床电气控制线路安装与调试任务验收报告（表 3–4–5），并将学习活动 1 中的工作任务单填写完整。

表 3–4–5　　M7130 型平面磨床电气控制线路安装与调试任务验收报告

工程项目名称			
工程概况			
建设单位		联系人	
地址		联系电话	

续表

<table>
<tr><td>施工单位</td><td colspan="2"></td><td>联系人</td><td></td></tr>
<tr><td>地址</td><td colspan="2"></td><td>联系电话</td><td></td></tr>
<tr><td>项目负责人</td><td colspan="2"></td><td>施工周期</td><td></td></tr>
<tr><td>现存问题</td><td colspan="2"></td><td>完成时间</td><td></td></tr>
<tr><td>改进措施</td><td colspan="4"></td></tr>
<tr><td rowspan="2">验收结果</td><td>主观评价</td><td>客观测试</td><td>施工质量</td><td>材料移交</td></tr>
<tr><td></td><td></td><td></td><td></td></tr>
</table>

五、评价

参照世界技能大赛的相关评价标准和要求，根据小组展示的安装成果，按表 3-4-6 所列评分标准进行评分。

表 3-4-6　　评分标准

<table>
<tr><th colspan="2" rowspan="2">评价内容</th><th rowspan="2">分值</th><th colspan="3">评分</th></tr>
<tr><th>自我评价</th><th>小组评价</th><th>教师评价</th></tr>
<tr><td rowspan="2">故障分析</td><td>故障分析思路清晰</td><td rowspan="2">20</td><td rowspan="2"></td><td rowspan="2"></td><td rowspan="2"></td></tr>
<tr><td>准确标出最小故障范围</td></tr>
<tr><td rowspan="3">故障排除</td><td>用正确的方法排除故障点</td><td rowspan="3">50</td><td rowspan="3"></td><td rowspan="3"></td><td rowspan="3"></td></tr>
<tr><td>检修中不扩大故障范围或产生新的故障，一旦发生，能及时进行修复</td></tr>
<tr><td>工具、设备无损坏</td></tr>
<tr><td rowspan="2">通电试车</td><td>设备能正常运转，无故障</td><td rowspan="2">20</td><td rowspan="2"></td><td rowspan="2"></td><td rowspan="2"></td></tr>
<tr><td>出现故障后，能及时、独立发现并解决问题</td></tr>
<tr><td rowspan="2">安全文明生产</td><td>遵守安全文明生产规程</td><td rowspan="2">10</td><td rowspan="2"></td><td rowspan="2"></td><td rowspan="2"></td></tr>
<tr><td>施工完成后认真清理现场</td></tr>
<tr><td colspan="6">施工规定用时：　　　　实际用时：
超时扣分：</td></tr>
<tr><td colspan="3">合计</td><td></td><td></td><td></td></tr>
</table>

学习活动 5　总结与评价

学习目标

1. 能以小组形式对学习过程和实训成果进行汇报总结。
2. 完成对学习过程的综合评价。

建议学时：4 学时

学习过程

一、回顾项目

各小组回顾每个学习活动的进展过程、现存问题、改进措施和验收交付等情况，提炼各个活动环节的关键技术，填入表 3-5-1 中。

表 3-5-1　回顾项目

活动环节	关键技术
学习活动 1： 明确任务和勘察现场	
学习活动 2： 施工前的准备	
学习活动 3： 现场施工	
学习活动 4： 检修与调试	

二、工作总结

以小组为单位，选择演示文稿、展板和视频等形式中的一种或几种，向全班展示、汇报学习成果。

三、综合评价

参考世界技能大赛的评价标准和理念，针对本任务的学习情况，根据表 3-5-2 所列综合评价标准进行评分。

表 3-5-2　综合评价

评价项目	评价内容及标准	配分	评分		
			自我评价	小组评价	教师评价
工作组织和管理	团队合作、合理计划、高效管理时间	3			
	定期检查工作进展和成果	3			
	保证高质量、高标准地完成工作	4			
沟通能力	与客户交流，完全理解其要求	5			
	提供明确说明，为客户提供书面报告	5			
计划创新能力	定期检查工作，最小化问题	5			
	提出创新性、可行性建议，提高客户满意度	5			
设计安装能力	根据要求设计图纸，正确选用元器件	20			
	按照相关技术标准完成电路的装接	30			
维修能力	能使用、测试、校准测量设备	5			
	能修复检查、验收中发现的问题	15			
学生姓名		综合评价得分			
指导教师		日期			

世赛知识

世界技能大赛中国组委会

我国加入世界技能组织后，为了做好参加世界技能大赛的组织管理工作，人力资源社会保障部制定了《世界技能大赛参赛管理暂行办法》，设立了世界技能大赛中国组委会，对参赛工作进行指导。

世界技能大赛中国组委会主任由人力资源社会保障部副部长兼任，副主任由人力资源社会保障部职业能力建设司、国际合作司主要负责同志兼任。组委会成员由财政部社会保障司，人力资源社会保障部办公厅、规划财务司、职业能力建设司、国际合作司、人事司、宣传中心、中国就业培训技术指导中心、国际交流服务中心、中国职工教育和职业培训协会、中国人力资源和社会保障出版集团负责同志担任。

世界技能大赛中国组委会设有秘书处、对外工作组、技术支持组、保障服务组和新闻宣传组。

1．秘书处

秘书处设在人力资源社会保障部职业能力建设司，负责综合管理和统筹协调参赛工作。

- 制定并实施参赛工作发展规划和年度工作计划。
- 制定参赛项目和参赛选手、技术指导专家、教练、翻译遴选条件。
- 制定集训基地日常管理办法。
- 制定表彰奖励政策。
- 提出并执行年度专项经费预算。
- 制定中国代表团出国参赛方案并在参赛期间负责综合管理工作。
- 承办组委会日常工作。

2．对外工作组

对外工作组设在人力资源社会保障部国际合作司。

- 统筹协调我国参与世界技能组织活动及与有关国家和地区在技能竞赛领域的交流合作。
- 负责与世界技能组织联络。
- 筹备参加世界技能组织大会和其他相关国际会议。
- 审核中国代表团出国参赛组团方案并根据参赛方案负责对外联系。

3．技术支持组

技术支持组设在中国就业培训技术指导中心。

- 研究提出参赛项目建议。
- 承办参赛项目并负责参赛选手、技术指导专家、教练的遴选工作。
- 指导开展参赛选手、技术指导专家和教练的培训。
- 承办技术会议和技术交流活动。

- 承担中国代表团出国参赛期间的技术指导工作。
- 负责国际竞赛规则规程和技术标准的引进与推广。

4．保障服务组

保障服务组设在人力资源社会保障部国际交流服务中心。

- 组织承办国际技术交流活动。
- 选拔、培训参赛翻译，翻译审核相关资料。
- 负责出席国际会议和出国参赛的组团事宜及后勤保障等事务性工作。
- 处理社会赞助事宜。

5．新闻宣传组

新闻宣传组设在人力资源社会保障部宣传中心。

- 负责涉及世界技能组织和世界技能大赛的宣传工作，牵头确定年度新闻宣传计划并组织实施。
- 制定宣传工作方案和宣传口径。
- 组织新闻稿件，联系国内外媒体。

附　录

附录1　车床电气控制线路安装与调试学习任务设计方案

专业名称	电气自动化设备安装与维修	一体化课程名称	低压电气控制设备安装与调试
学习任务一	车床电气控制线路安装与调试	授课时数	80学时
工作情境描述	某机床生产企业接到一批CA6140型车床生产订单，设计部门已经设计好电气控制线路图纸，下发给电气部门进行生产。电气部门班组长安排人员按照电气原理图、位置图和接线图等图纸在任务规定时间内完成电气控制线路的安装。安装过程应符合相关的工艺要求和安装规程要求，安装完成后应进行运行测试，保证设备工作正常		
学习任务描述	学生工作小组从教师处领取CA6140型车床电气控制线路安装与调试任务的工作任务单，到施工现场进行实地勘察，识读本任务的电气原理图，依据工作环境和工作情况制订小组工作计划，选择所需电气元件、电工材料和线缆的规格型号，列出清单，准备工具并领取电气元件和材料。布置施工现场，识读位置图和接线图，按照施工图纸与安装规范完成线路安装施工任务，以及其他后续工作。依据相关技术要求对成品进行安全测试与通电调试，并清理工作现场，按照工作任务单的要求交付验收，并以小组为单位展示、汇报学习成果		
与其他学习任务的关系	该学习任务是低压电气控制设备安装与调试一体化课程的第一个学习任务，学习此任务将为后续学习任务的顺利开展奠定基础		
学生基础	学生已具备基本的电工、电子技术基础，养成了安全文明生产习惯、环保管理习惯、“6S”管理习惯和团队合作意识等		
学习目标	1. 能根据工作任务情境填写工作任务单，明确工作任务，与相关人员进行沟通，明确工时和工作内容等要求 2. 能识读相关施工图纸，通过勘察施工现场准确描述现场特征，并取得必要的资料和数据 3. 能正确识读电气原理图，叙述CA6140型车床电气控制线路的控制过程及工作原理 4. 能正确识别电动机的种类和结构，正确完成电动机的日常保养工作 5. 能正确识别常用的按钮、接触器、继电器、行程开关和变压器等低压电器，正确使用电工常用工具与测量仪表 6. 能根据任务要求和施工图纸列出所需工具和材料清单，准备工具，领取材料 7. 能根据勘察现场的结果和任务要求，合理制订工作计划 8. 能按照作业规程设置必要的安全防护措施 9. 能正确识读位置图和接线图，按图纸、工艺及安装规程要求，参照世界技能大赛电气安装技术标准完成线路安装施工任务，在安装过程中具有环保意识和成本意识 10. 施工后，能按相关的技术要求（如世界技能大赛电气安装技术标准中对绝缘电阻、接地电阻测试等的技术要求）使用仪表进行自检，排查故障，完成运行测试工作 11. 通电试车合格后，能正确标注有关控制功能的铭牌标签 12. 施工后，能按管理规定清理工作现场、整理工具、收集剩余材料、清理工程垃圾及拆除防护措施		

续表

学习目标	13. 能完成工作总结与评价，规范填写项目验收报告并交付验收 14. 能在工作过程中严格执行企业的作业规范、安全生产制度、环保管理制度及“6S”管理制度 15. 能严格遵守从业人员的职业道德，具有吃苦耐劳、爱岗敬业的工作态度和职业责任感
学习内容	1. 工作任务单的阅读与填写 2. 电工的基本操作技能 3. 电工常用工具及测量仪表的使用 4. 电工安全文明生产要求 5. 工艺要求和安装规程要求 6. 电动机的结构、分类与保养 7. 低压开关的结构与规格 8. 按钮的结构与规格 9. 接触器的结构、分类与规格 10. 继电器的分类、作用与选用 11. 行程开关的规格与选用 12. 变压器的结构与作用 13. CA6140 型车床电气原理图、位置图和接线图的识读
教学条件	1. 教学场地：一体化教室、生产车间 2. 设备：CA6140 型车床、多媒体设备等 3. 工具：电工常用工具、电工常用测量仪表、劳保用品 4. 材料：电动机、低压开关、按钮、热继电器、行程开关、变压器、安装板、导线等 5. 资料：工作页、工作任务单、施工图纸、电工作业安全操作规程、电气安装施工规范、“6S”管理制度等
教学组织形式	1. 根据学习任务的内容和班级人数，进行小组分工，并确定负责人 2. 以情境模拟的形式，教师安排学生扮演角色，从资料室领取相关资料，如工作任务单、电工作业安全操作规程、电气安装施工规范等 3. 根据学习任务活动环节，教师积极引导学生分析学习任务，明确学习重点和难点，并帮助学生掌握 4. 以情境模拟的形式，教师安排学生扮演角色，严格按照“6S”管理制度要求，清扫、整理、维护和保养电动机、车床等设备 5. 教师组织学生以小组或个人形式进行分析和总结，并通过演示文稿、现场操作、展板、海报、视频等形式向全班展示、汇报学习成果
教学流程与活动	1. 明确任务和勘察现场（8 学时） 2. 施工前的准备（36 学时） 3. 现场施工（24 学时） 4. 检修与调试（8 学时） 5. 总结与评价（4 学时）
评价内容与标准	1. 能正确完成工作页中的问题 2. 能正确识读 CA6140 型车床电气原理图、位置图和接线图 3. 能在规定时间内，正确使用电工工具及测量仪表，按照 CA6140 型车床电气控制线路的安装流程完成安装与调试 4. 能自觉遵守电工作业安全操作规程、安全生产制度以及“6S”管理制度 5. 能正确进行电动机和车床等设备的清洁、保养和维护 6. 能服从安排，具备电工从业人员的责任感及团队沟通合作等职业素养

附录 2　车床电气控制线路安装与调试教学活动策划表

教学活动	关键能力	学生学习活动	教师活动	学习内容	资源	评价点	学时	地点
学习活动 1：明确任务和勘察现场	资料查阅及阅读能力、分析总结能力、沟通能力	1．阅读工作任务单 2．根据安装要求现场勘察 3．观察 CA6140 型车床，了解车床的结构及运行情况 4．填写工作页	1．准备和发放工作任务单 2．讲解工作任务要求，引导学生阅读工作任务单并正确理解工作任务单的内容 3．布置工作任务 4．组织学生扮演角色 5．引导学生正确勘察现场 6．指导学生填写工作页	1．学习阅读工作任务单的方法 2．明确工时、工艺要求和工作内容等 3．学习勘察现场的方法	1．工作页 2．工作任务单 3．CA6140 型车床 4．《电力拖动控制线路与技能训练（第六版）》等教材 5．互联网	1．工作任务单的完成情况 2．车床的基本常识 3．现场勘察情况	8	一体化教室、生产车间
学习活动 2：施工前的准备	资料查阅及阅读能力、工作统筹规划能力、文字表达能力	1．观看视频，了解 CA6140 型车床的结构及运行情况 2．识别电工常用工具 3．学习电动机的基本知识 4．学习常用低压电器的基本知识	1．引导学生观看视频，了解 CA6140 型车床的结构及运行情况 2．引导学生识别电工常用工具 3．引导学生学习电动机的基本知识 4．引导学生学习常用低压电器的基本知识	1．学习三相异步电动机和直流电动机的相关知识 2．学习常用低压电器的相关知识 3．学习低压开关的相关知识	1．工作页 2．CA6140 型车床的视频 3．常用低压电器 4．《电力拖动控制线路与技能训练（第六版）》等教材	1．工作页的完成情况 2．原理图的识读能力 3．电动机的识别与保养能力 4．低压电器的选用情况	36	一体化教室、生产车间

续表

教学活动	关键能力	学生学习活动	教师活动	学习内容	资源	评价点	学时	地点
学习活动2：施工前的准备	资料查阅及阅读能力、工作统筹规划能力、文字表达能力	5. 学习识图的方法 6. 制订工作计划 7. 做好车床电气控制线路安装的准备工作 8. 学习安全防护知识 9. 填写工作页	5. 引导学生学习识图的方法 6. 引导学生制订工作计划 7. 引导学生做好车床电气控制线路安装的准备工作 8. 引导学生学习安全防护知识 9. 引导学生填写工作页	4. 学习按钮的相关知识 5. 学习接触器的相关知识 6. 学习继电器的相关知识 7. 学习行程开关的相关知识 8. 学习变压器的相关知识 9. 学习识读车床电气控制原理图的方法	5. 电工作业安全操作规程 6. 互联网	5. 安全防护知识的掌握情况 6. 工作计划的制订情况	36	一体化教室、生产车间
学习活动3：现场施工	动手能力、规范执行能力、团队协作能力	1. 做好安装前的防护工作 2. 识读车床位置图 3. 识读车床接线图 4. 完成元器件的安装与布线 5. 填写工作页 6. 完成自评、小组互评	1. 组织学生做好安装前的防护工作 2. 现场引导学生识读车床位置图 3. 现场引导学生识读车床接线图 4. 现场引导学生安装元器件与布线 5. 现场引导学生清理现场、归置物品 6. 引导学生填写工作页 7. 对学生进行综合评价	1. 学习电工常用工具的使用 2. 学习车床位置图的识读方法 3. 学习车床接线图的识读方法 4. 学习槽板布线工艺	1. 工作页 2. CA6140型车床 3. 低压电器、导线等原材料 4. 车床位置图 5. 车床接线图 6.《电力拖动控制线路与技能训练（第六版）》等教材 7. 互联网	1. 工作页的完成情况 2. 位置图的识读能力 3. 接线图的识读能力 4. 施工工艺的学习情况	24	生产车间

续表

教学活动	关键能力	学生学习活动	教师活动	学习内容	资源	评价点	学时	地点
学习活动4：检修与调试	分析与解决问题的能力、动手能力	1. 使用兆欧表测量绝缘电阻 2. 使用钳形电流表测量交流电流 3. 使用转速表测量电动机转速 4. 按照要求进行通电试车 5. 根据电路原理分析故障原因 6. 排除故障 7. 标注标签 8. 角色扮演，分组进行项目验收 9. 填写工作页 10. 完成自评、小组互评	1. 引导学生使用兆欧表测量绝缘电阻 2. 引导学生使用钳形电流表测量交流电流 3. 引导学生使用转速表测量电动机转速 4. 引导学生进行通电试车 5. 引导学生根据电路原理分析故障原因 6. 引导学生排除故障 7. 引导学生标注标签 8. 引导学生分组进行项目验收 9. 引导学生完成工作页的填写 10. 对学生进行评价	1. 学习元器件的检测方法 2. 学习兆欧表的选用与测量方法 3. 学习电动机首、尾端的判断方法 4. 学习钳形电流表的选用与测量方法 5. 学习转速表的使用方法 6. 学习故障原因的分析方法 7. 学习标注标签的方法 8. 学习通电试车的方法	1. 工作页 2. CA6140型车床 3. 兆欧表 4. 钳形电流表 5. 转速表 6.《电力拖动控制线路与技能训练（第六版）》等教材 7. 互联网	1. 工作页的完成情况 2. 兆欧表的使用与测量情况 3. 钳形电流表的使用与测量情况 4. 转速表的使用与测量情况 5. 标签标注情况 6. 通电试车情况	8	生产车间
学习活动5：总结与评价	总结、展示与表达能力	1. 现场展示学习成果并总结 2. 现场讨论、点评车床电气控制线路的优、缺点 3. 填写工作页 4. 完成自评、小组互评	1. 指导学生总结、表述学习成果 2. 引导学生完成工作页的填写 3. 对学生进行综合评价	1. 学习自我总结的方法 2. 学习表达的方法	1. 工作页 2. 车床控制线路板 3. 互联网	1. 总结情况 2. 表达情况 3. 工作页的完成情况	4	一体化教室

附录 3 电动卷闸门电气控制线路安装与调试学习任务设计方案

专业名称	电气自动化设备安装与维修	一体化课程名称	低压电气控制设备安装与调试
学习任务二	电动卷闸门电气控制线路安装与调试	授课时数	60 学时
工作情境描述	某电动卷闸门生产企业接到一批生产订单，设计部门已经设计好电气控制线路图纸，下发给电气部门进行生产。电气部门班组长安排人员在任务规定时间内，根据施工现场的实际情况完善相关技术图纸，完成电气控制线路的安装。安装过程应符合相关的工艺要求和安装规程要求，安装完成后应进行运行测试，保证设备工作正常		
学习任务描述	学生工作小组从教师处领取电动卷闸门电气控制线路安装与调试任务的工作任务单，到施工现场进行实地勘察，识读本任务的电气原理图，依据工作环境和工作情况制订小组工作计划，选择所需电气元件、电工材料和线缆的规格型号，列出清单，准备工具并领取电气元件和材料。布置施工现场，识读、绘制位置图和接线图，按照施工图纸与安装规范完成线路安装施工任务，以及其他后续工作。依据相关技术要求对成品进行安全测试与通电调试，并清理工作现场，按照工作任务单的要求交付验收，并以小组为单位展示、汇报学习成果		
与其他学习任务的关系	该学习任务是低压电气控制设备安装与调试一体化课程的第二个学习任务，学习此任务将为下一个学习任务的顺利开展奠定基础		
学生基础	学生已具备基本的电气识图和电路安装能力，养成了安全文明生产习惯、环保管理习惯、“6S”管理习惯和团队合作意识等		
学习目标	1. 能根据工作任务情境填写工作任务单，明确工作任务，与相关人员进行沟通，明确工时和工作内容等要求 2. 能识读相关施工图纸，通过勘察施工现场准确描述现场特征，并取得必要的资料和数据 3. 能正确识读电气原理图，叙述电动卷闸门电气控制线路的控制过程及工作原理 4. 能正确识别并选用常用的低压电器 5. 能根据任务要求和施工图纸列出所需工具和材料清单，准备工具，领取材料 6. 能根据勘察现场的结果和任务要求，合理制订工作计划 7. 能按照作业规程设置必要的标识和隔离措施，准备现场工作环境 8. 能正确识读、绘制位置图和接线图，按图纸、工艺及安装规程要求，参照世界技能大赛电气安装技术标准完成线路安装施工任务，在安装过程中具有环保意识和成本意识 9. 施工后，能按相关的技术要求（如世界技能大赛电气安装技术标准中对绝缘电阻、接地电阻测试等的技术要求）使用仪表进行自检，排查故障，完成运行测试工作 10. 通电试车合格后，能正确标注有关控制功能的铭牌标签 11. 施工后，能按管理规定清理工作现场、整理工具、收集剩余材料、清理工程垃圾及拆除防护措施 12. 能完成工作总结与评价，规范填写项目验收报告并交付验收 13. 能在工作过程中严格执行企业的作业规范、安全生产制度、环保管理制度及“6S”管理制度 14. 能严格遵守从业人员的职业道德，具有吃苦耐劳、爱岗敬业的工作态度和职业责任感		

续表

学习内容	1. 工作任务单的阅读与填写 2. 电工的基本操作技能 3. 电工常用工具及测量仪表的使用 4. 电工安全文明生产要求 5. 工艺要求和安装规程要求 6. 正、反转控制原理 7. 倒顺开关的正、反转控制原理 8. 接触器联锁正、反转控制原理 9. 按钮、接触器联锁、双重联锁正、反转控制原理 10. 电动卷闸门的控制原理 11. 电动卷闸门位置图和接线图的绘制
教学条件	1. 教学场地：一体化教室、生产车间 2. 设备：电动卷闸门、多媒体设备等 3. 工具：电工常用工具、电工常用测量仪表、劳保用品 4. 材料：电动机、倒顺开关、按钮、热继电器、行程开关、变压器、安装板、导线等 5. 资料：工作页、工作任务单、施工图纸、电工作业安全操作规程、电气安装施工规范、“6S”管理制度等
教学组织形式	1. 根据学习任务的内容和班级人数，进行小组分工，并确定负责人 2. 以情境模拟的形式，教师安排学生扮演角色，从资料室领取相关资料，如工作任务单、电工作业安全操作规程、电气安装施工规范等 3. 根据学习任务活动环节，教师积极引导学生分析学习任务，明确学习重点和难点，并帮助学生掌握 4. 以情境模拟的形式，教师安排学生扮演角色，严格按照“6S”管理制度要求，清扫、整理、维护和保养电动机等设备 5. 教师组织学生以小组或个人形式进行分析和总结，并通过演示文稿、现场操作、展板、海报、视频等形式向全班展示、汇报学习成果
教学流程与活动	1. 明确任务和勘察现场（12 学时） 2. 施工前的准备（12 学时） 3. 现场施工（24 学时） 4. 检修与调试（8 学时） 5. 总结与评价（4 学时）
评价内容与标准	1. 能正确完成工作页中的问题 2. 能正确识读电动卷闸门电气原理图 3. 能正确绘制电动卷闸门的位置图和接线图 4. 能在规定时间内，正确使用电工工具及测量仪表，按照电动卷闸门电气控制线路的安装流程完成安装与调试 5. 能自觉遵守电工作业安全操作规程、安全生产制度以及“6S”管理制度 6. 能正确进行电动机等设备的清洁、保养和维护 7. 能服从安排，具备电工从业人员的责任感及团队沟通合作等职业素养

附录 4　电动卷闸门电气控制线路安装与调试教学活动策划表

教学活动	关键能力	学生学习活动	教师活动	学习内容	资源	评价点	学时	地点
学习活动 1：明确任务和勘察现场	资料查阅及阅读能力、分析总结能力、沟通能力	1. 阅读工作任务单 2. 根据安装要求现场勘察 3. 观察电动卷闸门，了解其结构及运行情况 4. 填写工作页	1. 准备和发放工作任务单 2. 讲解工作任务要求，引导学生阅读工作任务单并正确理解工作任务单的内容 3. 布置工作任务 4. 组织学生扮演角色 5. 引导学生正确勘察现场 6. 指导学生填写工作页	1. 学习阅读工作任务单的方法 2. 明确工时、工艺要求和工作内容等 3. 学习勘察现场的方法	1. 工作页 2. 工作任务单 3. 电动卷闸门 4.《电力拖动控制线路与技能训练（第六版）》等教材 5. 互联网	1. 工作任务单的完成情况 2. 电动卷闸门的基本常识 3. 现场勘察情况	12	一体化教室、生产车间
学习活动 2：施工前的准备	资料查阅及阅读能力、工作统筹规划能力、文字表达能力	1. 观看视频，了解电动卷闸门的结构及运行情况 2. 识别电工常用工具 3. 识别倒顺开关 4. 识读正、反转控制线路原理图	1. 引导学生观看视频，了解电动卷闸门的结构及运行情况 2. 引导学生识别电工常用工具 3. 引导学生学习倒顺开关的正、反转控制原理 4. 引导学生学习接触器联锁正、反转控制原理	1. 学习倒顺开关的正、反转控制原理 2. 学习接触器联锁正、反转控制原理 3. 学习按钮、接触器联锁、双重联锁正、反转控制原理	1. 工作页 2. 电动卷闸门的视频 3. 常用低压电器	1. 工作页的完成情况 2. 原理图的识读能力 3. 低压电器的选用情况	12	一体化教室、生产车间

续表

教学活动	关键能力	学生学习活动	教师活动	学习内容	资源	评价点	学时	地点
学习活动 2：施工前的准备	资料查阅及阅读能力、工作统筹规划能力、文字表达能力	5. 学习电动卷闸门的电气控制原理 6. 制订工作计划 7. 做好电动卷闸门电气控制线路安装的准备工作 8. 学习安全防护知识 9. 填写工作页	5. 引导学生学习按钮、接触器联锁、双重联锁正、反转控制原理 6. 引导学生学习电动卷闸门的电气控制原理 7. 引导学生制订工作计划 8. 引导学生做好电动卷闸门电气控制线路安装的准备工作 9. 引导学生学习安全防护知识 10. 引导学生填写工作页	4. 学习电动卷闸门的电气控制原理	4.《电力拖动控制线路与技能训练（第六版）》等教材 5. 电工作业安全操作规程 6. 互联网	4. 安全防护知识的掌握情况 5. 工作计划的制订情况	12	一体化教室、生产车间
学习活动 3：现场施工	动手能力、规范执行能力、团队协作能力	1. 做好安装前的防护工作 2. 绘制电动卷闸门位置图 3. 绘制电动卷闸门接线图 4. 完成元器件的安装与布线 5. 填写工作页 6. 完成自评、小组互评	1. 组织学生做好安装前的防护工作 2. 现场引导学生绘制电动卷闸门位置图 3. 现场引导学生绘制电动卷闸门接线图 4. 现场引导学生安装元器件与布线 5. 现场引导学生清理现场、归置物品 6. 引导学生填写工作页 7. 对学生进行综合评价	1. 学习电工常用工具的使用 2. 学习绘制位置图的方法 3. 学习绘制接线图的方法 4. 学习金属软管布线工艺	1. 工作页 2. 电动卷闸门 3. 低压电器、导线等原材料 4.《电力拖动控制线路与技能训练（第六版）》等教材 5. 互联网	1. 工作页的完成情况 2. 位置图的绘制能力 3. 接线图的绘制能力 4. 施工工艺的学习情况	24	生产车间

续表

教学活动	关键能力	学生学习活动	教师活动	学习内容	资源	评价点	学时	地点
学习活动4：检修与调试	分析与解决问题的能力、动手能力	1. 使用兆欧表测量绝缘电阻 2. 使用钳形电流表测量交流电流 3. 使用转速表测量电动机转速 4. 按照要求进行通电试车 5. 根据电路原理分析故障原因 6. 排除故障 7. 标注标签 8. 角色扮演，分组进行项目验收 9. 填写工作页 10. 完成自评、小组互评	1. 引导学生使用兆欧表测量绝缘电阻 2. 引导学生使用钳形电流表测量交流电流 3. 引导学生使用转速表测量电动机转速 4. 引导学生进行通电试车 5. 引导学生根据电路原理分析故障原因 6. 引导学生排除故障 7. 引导学生标注标签 8. 引导学生分组进行项目验收 9. 引导学生完成工作页的填写 10. 对学生进行评价	1. 学习元器件的检测方法 2. 学习兆欧表的选用与测量方法 3. 学习钳形电流表的选用与测量方法 4. 学习转速表的使用方法 5. 学习故障原因的分析方法 6. 学习标注标签的方法 7. 学习通电试车的方法	1. 工作页 2. 电动卷闸门 3. 兆欧表 4. 钳形电流表 5. 转速表 6.《电力拖动控制线路与技能训练(第六版)》等教材 7. 互联网	1. 工作页的完成情况 2. 兆欧表的使用与测量情况 3. 钳形电流表的使用与测量情况 4. 转速表的使用与测量情况 5. 标签标注情况 6. 通电试车情况	8	生产车间
学习活动5：总结与评价	总结、展示与表达能力	1. 现场展示学习成果并总结 2. 现场讨论、点评电动卷闸门电气控制线路的优、缺点 3. 填写工作页 4. 完成自评、小组互评	1. 指导学生总结、表述学习成果 2. 引导学生完成工作页的填写 3. 对学生进行综合评价	1. 学习自我总结的方法 2. 学习表达的方法	1. 工作页 2. 电动卷闸门电气控制线路板 3. 互联网	1. 总结情况 2. 表达情况 3. 工作页的完成情况	4	一体化教室

附录 5　磨床电气控制线路安装与调试学习任务设计方案

专业名称	电气自动化设备安装与维修	一体化课程名称	低压电气控制设备安装与调试
学习任务三	磨床电气控制线路安装与调试	授课时数	60 学时
工作情境描述	某机床生产企业接到一批 M7130 型平面磨床生产订单，设计部门已经设计好电气控制线路图纸，下发给电气部门进行生产。电气部门班组长安排人员按照电气原理图、位置图和接线图等图纸在任务规定时间内完成电气控制线路的安装。安装过程应符合相关的工艺要求和安装规程要求，安装完成后应进行运行测试，保证设备工作正常		
学习任务描述	学生工作小组从教师处领取 M7130 型平面磨床电气控制线路安装与调试任务的工作任务单，到施工现场进行实地勘察，识读本任务的电气原理图，依据工作环境和工作情况制订小组工作计划，选择所需电气元件、电工材料和线缆的规格型号，列出清单，准备工具并领取电气元件和材料。布置施工现场，识读位置图和接线图，按照施工图纸与安装规范完成电工材料与电气元件的安装，电气线路的布设与接线，以及其他后续工作。依据相关技术指标的要求对成品进行安全测试与通电调试，并清理工作现场，按照工作任务单的要求交付验收，并以小组为单位展示、汇报学习成果		
与其他学习任务的关系	该学习任务是低压电气控制设备安装与调试一体化课程的最后一个学习任务，学习此任务将为后续低压电气控制设备故障诊断与排除课程的学习打下基础		
学生基础	学生已具备电气识图和机床电路安装能力，养成了安全文明生产习惯、环保管理习惯、“6S”管理习惯和团队合作意识等		
学习目标	1. 能根据工作任务情境填写工作任务单，明确工作任务，与相关人员进行沟通，明确工时和工作内容等要求 2. 能识读相关施工图纸，通过勘察施工现场准确描述现场特征，并取得必要的资料和数据 3. 能正确识读电气原理图，明确 M7130 型平面磨床电气控制线路的控制过程及工作原理 4. 能正确识别并选用常用的电压继电器、电磁吸盘和电流继电器等低压电器，正确使用电工常用工具与测量仪表 5. 能正确识别并选用液压系统的液压元件 6. 能根据任务要求和施工图纸列出所需工具和材料清单，准备工具，领取材料 7. 能根据勘察现场的结果和任务要求，合理制订工作计划		

续表

学习目标	8．能按照作业规程设置必要的标识和隔离措施，准备现场工作环境 9．能正确识读位置图和接线图，按图纸、工艺及安装规程要求，参照世界技能大赛电气安装技术标准完成线路安装施工任务，在安装过程中具有环保意识和成本意识 10．施工后，能按相关的技术要求（如世界技能大赛电气安装技术标准中对绝缘电阻、接地电阻测试等的技术要求）使用仪表进行自检，排查故障，完成运行测试工作 11．通电试车合格后，能正确标注有关控制功能的铭牌标签 12．施工后，能按管理规定清理工作现场、整理工具、收集剩余材料、清理工程垃圾及拆除防护措施 13．能完成工作总结与评价，规范填写项目验收报告并交付验收 14．能在工作过程中严格执行企业的作业规范、安全生产制度、环保管理制度及“6S”管理制度 15．能严格遵守从业人员的职业道德，具有吃苦耐劳、爱岗敬业的工作态度和职业责任感
学习内容	1．工作任务单的阅读与填写 2．电工的基本操作技能 3．电工常用工具及测量仪表的使用 4．电工安全文明生产要求 5．工艺要求和安装规程要求 6．电压继电器的结构、分类与规格 7．电磁吸盘的结构、原理与规格 8．电流继电器的结构、分类与规格 9．液压系统的组成 10．液压泵的作用、分类及工作过程 11．齿轮泵的特点与工作过程 12．叶片泵的特点与工作过程 13．液压泵的选用与拆装 14．液压马达的作用、种类与规格 15．方向控制、压力控制和流量控制元件的相关知识 16．液压辅助器件的相关知识 17．液压泵电动机、砂轮电动机、冷却泵电动机和电磁吸盘的控制过程 18．液压泵电动机、砂轮电动机和冷却泵电动机的启动与运行 19．M7130 型平面磨床电气原理图、位置图和接线图的识读

续表

教学条件	1．教学场地：一体化教室、生产车间 2．设备：M7130 型磨床、多媒体设备等 3．工具：电工常用工具、电工常用测量仪表、劳保用品 4．材料：电压继电器、电磁吸盘、电流继电器、液压泵、齿轮泵、叶片泵、液压马达、方向控制元件、压力控制元件、流量控制元件、液压辅助器件、电动机、低压开关、按钮、热继电器、行程开关、变压器、安装板、导线等 5．资料：工作页、工作任务单、施工图纸、电工作业安全操作规程、电气安装施工规范、“6S”管理制度等
教学组织形式	1．根据学习任务的内容和班级人数，进行小组分工，并确定负责人 2．以情境模拟的形式，教师安排学生扮演角色，从资料室领取相关资料，如工作任务单、电工作业安全操作规程、电气安装施工规范等 3．根据学习任务活动环节，教师积极引导学生分析学习任务，明确学习重点和难点，并帮助学生掌握 4．以情境模拟的形式，教师安排学生扮演角色，严格按照“6S”管理制度要求，清扫、整理、维护和保养电动机、平面磨床等设备 5．教师组织学生以小组或个人形式进行分析和总结，并通过演示文稿、现场操作、展板、海报、视频等形式向全班展示、汇报学习成果
教学流程与活动	1．明确任务和勘察现场（6 学时） 2．施工前的准备（24 学时） 3．现场施工（20 学时） 4．检修与调试（6 学时） 5．总结与评价（4 学时）
评价内容与标准	1．能正确完成工作页中的问题 2．能正确选用液压元器件并组成液压系统 3．能正确识读 M7130 型平面磨床电气原理图、位置图和接线图 4．能在规定时间内，正确使用电工工具及测量仪表，按照 M7130 型平面磨床电气控制线路的安装流程完成安装与调试 5．能自觉遵守电工作业安全操作规程、安全生产制度以及“6S”管理制度 6．能正确进行电动机、平面磨床等设备的清洁、保养和维护 7．能服从安排，具备电工从业人员的责任感及团队沟通合作等职业素养

附录 6　磨床电气控制线路安装与调试教学活动策划表

教学活动	关键能力	学生学习活动	教师活动	学习内容	资源	评价点	学时	地点
学习活动 1：明确任务和勘察现场	资料查阅及阅读能力、分析总结能力、沟通能力	1. 阅读工作任务单 2. 根据安装要求现场勘察 3. 观察 M7130 型平面磨床，了解其结构及运行情况 4. 填写工作页	1. 准备和发放工作任务单 2. 讲解工作任务要求，引导学生阅读工作任务单并正确理解工作任务单的内容 3. 布置工作任务 4. 组织学生扮演角色 5. 引导学生正确勘察现场 6. 指导学生填写工作页	1. 学习阅读工作任务单的方法 2. 明确工时、工艺要求和工作内容等 3. 学习勘察现场的方法	1. 工作页 2. 工作任务单 3. M7130 型平面磨床 4.《电力拖动控制线路与技能训练（第六版）》等教材 5. 互联网	1. 工作任务单的完成情况 2. M7130 型平面磨床的基本常识 3. 现场勘察情况	6	一体化教室、生产车间
学习活动 2：施工前的准备	资料查阅及阅读能力、工作统筹规划能力、文字表达能力	1. 观看视频，了解 M7130 型平面磨床的结构及运行情况 2. 识别电工常用工具 3. 认识电压继电器、电磁吸盘和电流继电器 4. 学习液压系统的组成 5. 认识液压泵、齿轮泵、叶片泵和液压马达	1. 引导学生观看视频，了解 M7130 型平面磨床的结构及运行情况 2. 引导学生识别电工常用工具 3. 引导学生认识电压继电器、电磁吸盘、电流继电器 4. 引导学生学习液压系统的组成 5. 引导学生认识液压泵、齿轮泵、叶片泵和液压马达	1. 学习电压继电器、电磁吸盘和电流继电器的基本知识 2. 学习液压系统的组成 3. 学习液压泵、齿轮泵、叶片泵和液压马达的基本知识	1. 工作页 2. M7130 型平面磨床的视频	1. 工作页的完成情况 2. 原理图的识读能力	24	一体化教室、生产车间

续表

教学活动	关键能力	学生学习活动	教师活动	学习内容	资源	评价点	学时	地点
学习活动 2：施工前的准备	资料查阅及阅读能力、工作统筹规划能力、文字表达能力	6．认识方向控制元件、压力控制元件、流量控制元件和液压辅助器件 7．学习液压泵电动机、砂轮电动机、冷却泵电动机和电磁吸盘的控制过程 8．学习液压泵电动机、砂轮电动机和冷却泵电动机的启动与运行方法 9．学习 M7130 型平面磨床电气原理图、位置图和接线图的识读 10．学习电桥的使用方法 11．制订工作计划 12．做好平面磨床电气控制线路安装的准备工作 13．学习安全防护知识 14．填写工作页	6．引寻学生认识方向控制元件、压力控制元件、流量控制元件和液压辅助器件 7．引导学生学习液压泵电动机、砂轮电动机、冷却泵电动机和电磁吸盘的控制过程 8．引导学生学习液压泵电动机、砂轮电动机和冷却泵电动机的启动与运行方法 9．引导学生学习 M7130 型平面磨床电气原理图、位置图和接线图的识读 10．引导学生学习电桥的使用方法 11．引导学生制订工作计划 12．引导学生做好平面磨床电气控制线路安装的准备工作 13．引导学生学习安全防护知识 14．引导学生填写工作页	4．学习方向控制元件、压力控制元件、流量控制元件和液压辅助器件的基本知识 5．学习液压泵电动机、砂轮电动机、冷却泵电动机和电磁吸盘的控制过程 6．学习液压泵电动机、砂轮电动机和冷却泵电动机的启动与运行方法 7．学习 M7130 型平面磨床电气原理图、位置图和接线图的识读 8．学习电桥的使用方法	3．常用低压电器 4．《电力拖动控制线路与技能训练（第六版）》等教材 5．电工作业安全操作规程 6．互联网	3．液压系统元器件选用情况 4．安全防护知识的掌握情况 5．工作计划的制订情况	24	一体化教室、生产车间

续表

教学活动	关键能力	学生学习活动	教师活动	学习内容	资源	评价点	学时	地点
学习活动3：现场施工	动手能力、规范执行能力、团队协作能力	1. 做好安装前的防护工作 2. 识读平面磨床位置图 3. 识读平面磨床接线图 4. 完成元器件的安装与布线 5. 填写工作页 6. 完成自评、小组互评	1. 组织学生做好安装前的防护工作 2. 现场引导学生识读平面磨床位置图 3. 现场引导学生识读平面磨床接线图 4. 现场引导学生安装元器件与布线 5. 现场引导学生清理现场、归置物品 6. 引导学生填写工作页 7. 对学生进行综合评价	1. 学习电工常用工具的使用 2. 学习平面磨床位置图的识读方法 3. 学习平面磨床接线图的识读方法 4. 学习槽板布线工艺	1. 工作页 2. M7130型平面磨床 3. 低压电器、液压系统器件、导线等原材料 4. M7130型平面磨床位置图 5. M7130型平面磨床接线图 6.《电力拖动控制线路与技能训练（第六版）》等教材 7. 互联网	1. 工作页的完成情况 2. 位置图的识读能力 3. 接线图的识读能力 4. 施工工艺的学习情况	20	生产车间
学习活动4：检修与调试	分析与解决问题的能力、动手能力	1. 使用兆欧表测量绝缘电阻 2. 使用钳形电流表测量交流电流 3. 使用电桥测量电阻 4. 按照要求进行通电试车	1. 引导学生使用兆欧表测量绝缘电阻 2. 引导学生使用钳形电流表测量交流电流 3. 引导学生使用电桥测量电阻 4. 引导学生进行通电试车	1. 学习元器件的检测方法 2. 学习兆欧表的选用与测量方法 3. 学习电桥的测量方法	1. 工作页 2. M7130型平面磨床 3. 兆欧表	1. 工作页的完成情况 2. 兆欧表的使用与测量情况 3. 电桥的使用与测量情况	6	生产车间

续表

教学活动	关键能力	学生学习活动	教师活动	学习内容	资源	评价点	学时	地点
学习活动4：检修与调试	分析与解决问题的能力、动手能力	5. 根据电路原理分析故障原因 6. 排除故障 7. 标注标签 8. 角色扮演，分组进行项目验收 9. 填写工作页 10. 完成自评、小组互评	5. 引导学生根据电路原理分析故障原因 6. 引导学生排除故障 7. 引导学生标注标签 8. 引导学生分组进行项目验收 9. 引导学生完成工作页的填写 10. 对学生进行评价	4. 学习钳形电流表的选用与测量方法 5. 学习故障原因的分析方法 6. 学习标注标签的方法 7. 学习通电试车的方法	4. 钳形电流表 5. 电桥 6.《电力拖动控制线路与技能训练(第六版)》等教材 7. 互联网	4. 钳形电流表的使用与测量情况 5. 标签标注情况 6. 通电试车情况	6	生产车间
学习活动5：总结与评价	总结、展示与表达能力	1. 现场展示学习成果并总结 2. 现场讨论、点评平面磨床电气控制线路的优、缺点 3. 填写工作页 4. 完成自评、小组互评	1. 指导学生总结、表述学习成果 2. 引导学生完成工作页的填写 3. 对学生进行综合评价	1. 学习自我总结的方法 2. 学习表达的方法	1. 工作页 2. 平面磨床控制线路板 3. 互联网	1. 总结情况 2. 表达情况 3. 工作页的完成情况	4	一体化教室